铁线莲栽培

12月计划

米米童○著
奈奈与七○绘

Tiexianlian Zaipei
12 Yue Jihua

U0232542

长江出版传媒　湖北科学技术出版社

与达人一起谱写
铁线莲乐章

　　铁线莲园艺种大约在 10 年前进入中国，与其他园艺植物不同的是，铁线莲因为本身复杂的分类，以及需要细心呵护、修剪的特性，注定是一种个人化的园艺植物（适合家庭种植，不适合用于大规模绿化），所以它的普及之路与国内家庭园艺的发展路径几乎同轨。

　　铁线莲充满个性的花色、攀缘的特性，以及千姿百态的造型，迷倒了无数花卉爱好者，以至于现在无论何种水平的花友，家里多多少少都有几株铁线莲，铁线莲也因此得到了一个爱称，叫作"小铁"。另外，铁线莲还有一个特征是需要栽培者付出许多耐心和劳力。也就是说，我们只有付出更多的心血和关注，它才会回报给我们更美的绽放。

　　从冬季的换盆、追肥，春季的嫩枝牵引绑扎，到初夏花后的修剪整枝，秋季的追肥、促花，再到冬季的修剪，以及对病虫害的快速反应，尤其是防范枯萎病的各种手段，使铁线莲的栽培过程扣人心弦又充满挂念。

　　为了更好地养护和运用我们手中可爱的"小铁"，"绿手指"继《绿手指玫瑰大师系列》之后，又策划了《绿手指铁线莲达人系列》。本系列丛书共有 4 本，分别是国内原创图书《铁线莲栽培 12 月计划》，引进图书《铁线莲栽培入门》《铁线莲完美搭配》《月季·圣诞玫瑰·铁线莲的种植秘籍》。

　　《铁线莲栽培 12 月计划》由国内的铁线莲达人米米童（昵称米米）著，插画师奈奈与七（昵称奈奈）手绘。米米的勤奋与执着，插画师奈奈的灵气和表现力，让这本书充满干货。本

书以时间为轴线，按月介绍不同品种的养护要点，分享来自实践的心得，简明易懂，操作性强。

米米从2010年开始种植铁线莲，8年来尝试过的栽种地点有公寓窗台和花园露台，种植过数百个品种，并坚持在微博上连载她的种植记录，是铁线莲花友中女神级的人物。

我曾与米米有过长期的同群交流经历和短暂的一面之交，无论是在网络还是在现实中，米米对铁线莲和其他植物发自内心的热爱都充满了感染力。同时，作为一个"理科女"，她的探究精神与逻辑性在书中也随处可见。

《铁线莲栽培入门》是日本铁线莲大师及川洋磨的作品。及川洋磨是位于日本岩手县的著名铁线莲苗圃的第二代继承人。他既拥有丰富的铁线莲栽培知识和经验，又在铁线莲的造景运用上独具匠心，是一位极有心得的铁线莲造景师。该书主要介绍了铁线莲基础的养护方法，以及在花园各种场景下的运用、牵引方法和造景要点，对于目前还以盆栽为主的我国铁线莲爱好者来说，是不可多得的参考。

《铁线莲完美搭配》是日本铁线莲大师及川洋磨和金子明人的合作之作。从书名可知，该书同样注重铁线莲的花园运用，只是稍微转换了视角，着眼于介绍各种环境下适宜栽种的铁线莲品种，为篱笆、拱门、塔架、盆栽、窗边等不同的小场景和与草花、玫瑰、月季等其他植物搭配推荐了不同的铁线莲品种，并对它们的习性进行了详细的归纳，堪称铁线莲造景大图鉴。

《月季·圣诞玫瑰·铁线莲的种植秘籍》是小山内健、野野口稔、金子明人三位大师合著的作品。在翻译的过程中，我发现该书中有大量的新概念和实践信息，导致我们的理解和翻译异常辛苦，但也大有收获。

在国外，有把月季、铁线莲、圣诞玫瑰合称为CCR（Clematis,Christmas rose,Rose）的说法，在英国甚至把CCR称为花园三大要素。月季的颜值芳香、铁线莲的立体造型、圣诞玫瑰的冬日色彩，使CCR把花园从时间到空间都打扮得丰富多彩。国外能让CCR"聚会"的花园不少，但是让CCR"聚会"的书籍却不多，所以我第一次看到这本书就下定决心要把它介绍给中国的花友。今天它的中文版发行，让我有了梦想成真的欣喜。

最后，我希望有更多的花友通过这套书爱上并种好铁线莲，也祝愿大家在各自的花园里让CCR绽放魅力。

药草花园

写在春天里的自序

从接到绿手指编辑部的约稿到初稿提交，我用了整整一年的时间。从2017年2月开始到2018年2月结束，我重新审视了一遍自己对铁线莲种植的感悟。

2010年3月，怀着懵懂、憧憬和慌慌不安，我种下人生中的第一棵铁线莲。8年的时间里，我从公寓房搬到了小联排，体验过窗台种植，最后落脚在花园和露台。朝南和朝北的不同日照环境，地栽和盆栽的不同种植模式，花园、阳台和露台的不同种植场所，我都有幸体验了一遍。

记录种植经验和与花友们探讨种植管理要素是我这8年来最大的收获。在花友前辈们的种植经验里汲取营养，和花友们讨论、争执种植管理方式的正确与否，再按照自己的管理习惯和实践记录种植体会，慢慢地，我对铁线莲的种植有了一套自己的看法。除了观察自己种植的铁线莲，我也关注了全国各地铁线莲爱好者的种植表现，最北到东北黑达家，最南到广州风飞家，铁线莲在各地的表现都那么精彩。

在这8年里，我结识了很多朋友。我与本文的手绘作者奈奈与七、第一章开篇的作者Raya，都是因铁线莲结缘，成了生活中的好友。奈奈与七是国内最早的铁线莲爱好者之一，Raya则有深厚的语言功底，翻译了许多国外的铁线莲著作。有了她们，这本书才得以完整。

感谢你们在春季迎来了我的第一本书，感谢铁线莲让我们的花园更加多姿多彩。

童丽华（米米童）
2018年3月

作者简介

米米童，本名童丽华，昵称米米，1981年出生于福建西北山区的一个小镇，2003年扎根于浙江北部城市湖州，从事着与环境保护相关的工作。热爱园艺，除了种植铁线莲经验丰富外，在其他植物的种植上亦有心得。微博（米米mimi-童），微信公众号（米米mimi的花园时光）均是她记录园艺生活的平台，在这里你可以看到一个积极乐观的米米，看到一种美好的生活状态。

画·莲·说

一直觉得，每个都会女子的内心，都应该有一个繁花似锦的花园。

在这样的花园里，潜伏着相似的理想——"天天睡到自然醒，不做什么，不负啥责任，同我爱的，以及爱我的人，一起坐着说话，笑着看日落。"

这样的理想很飘忽，虽然可以支撑一下生活下去的勇气，但是理想总是虚无缥缈的，不如把握一朵花来得容易。至少有好太阳，好肥料，加上一个蕙质兰心的好主人，就够了。

有很多时候，我一直在想，我们为什么要养花？刚开始的时候，我觉得理由很简单，是因为家居庭院需要绿色点缀，养花有益身体健康环境洁净。往人文高度想，就是倡导一种叫作"绿活"的生活态度。为和平，为地球，为健康的充满氧气和生态意识的生活方式。

现在，想得更多的是有关植物和真实自我的关系。关于从一朵花里观照到自己内心世界的说法。

时间愈长愈明白，没有一棵植物天生就该为你活出美丽来，不是你花了钱投入了心血，她就必须得长成你梦想的样子。

我们听过太多类似花了50万元买一棵百年紫薇移栽到自家院子里，却最终半死的例子。偏偏许多人衡量一棵植物的表现，考虑得最多的是花多少钱买多少年份。我个人最大的感受是，很多时候，植物和情感在很多地方都是有共通点的。

首先，都是可遇不可求的，即使幸运遇见了，随时可能让别人抢占了先机。

其次，她们都是活生生的，不完全受人为控制的，好肥好水好心血未必换来好结果。其中这神奇的缘由，恐怕有许多连植物学家都没办法解释清楚。

最后，当你决定占有的时候，往往会发现另一些问题，比如花园里没地了，可能要移走其他植物；怎么摆都显得别扭突兀，位置不合适；甚至一扛回家或者开出花来就不喜欢了……

此时此刻，你又如何责怪植物面对你不得不表现出来的疑惑和不踏实时，每一片叶子甚至每一朵花蕾透露出的丝微恐惧与忐忑？她们如何能够安心为你开出好花、结出好果来？

从2008年至今，作为一个资深铁线莲迷，也算是有10个年头了。

有时觉得好奇怪，为何一个人，会对一种植物，情有独钟如此多年？

即使偶尔面对空盆、烂泥，乃至枯枝败叶。

当然了，铁线莲不是季季都美，她与人一般，都有好看和不好看的角度。

种铁线莲的套路我都记得，铁线莲的分类、种类都清楚，一类、二类、三类，单瓣、重瓣、长瓣、常绿、铃铛……

然而，萧瑟季节，满园无春色，却开始庆幸，自己原来还可以"纸上谈兵"。

现在想来，如果不是因为这朵朵花儿，也许我不会再拿起画笔——虽然，自己也不过是个玩票的业余画友。哦，对，花友，画友，谐音相近，却有着奇妙的关联。就像有时看着作品，会感叹下，不知道是园艺提起了我们的绘画兴趣，还是这画风让园艺变得更加充满趣味？

第一次作画，是将水粉纸铺在桌子上，取自己喜欢的铁线莲'舞姬'做了模特——这棵铁线莲是香港资深花友hazellue女士的杂交培育品种。

因为有近二十年没有碰过画笔了，所以有点生疏了，反复修改了好几次。然而，用感情去做的事情，总是不会令人失望。

后来花友们评价我的作品说，笔法和用色不是很专业，但是画出了这棵小铁的灵气。

蓝紫色的'舞姬'

得到这样的好评，当时的我有些亢奋。之后的一段时间里，一有闲暇就画几笔。那段迷恋铁线莲的时光里，作品的主角统统都是她。

有很多铁线莲迷喜欢我的作品，分享也是令人愉悦的事情。经过先生的帮助，我们找到网上比较靠谱的印刷店，做挂历，做挂画，然后，人见人爱的手绘铁线莲马克杯诞生了！

2010年有了女儿。为了孩子我搬去了上海市区，花园变成了阳台。一些更加适合阳台种植环境的植物不断加入，而曾经沉迷的小铁则渐渐淡出。

阳台的环境导致有些植物自己离开，有些植物则被我请去更适合的地方……

唯一不曾离开的，是那些定格在纸张上的花朵。她们后来被制作在马克杯、台历、挂画、手机壳、鼠标垫等物品上，在微博上发布后，惊艳了许多花友。身为一个草根画友，看到自己的作品能够被那么多人欣赏，内心是十分窃喜的。

2013年后，这些作品纷纷通过慈善义卖或者正常渠道进入寻常花友家。无论窗外是严冬还是酷暑，她们都保持着盛开的样子。无论在案头，还是在办公桌、餐桌上，她们令时光在任何时刻都充满着若有似无的芬芳。

如今孩子日渐长大，可以帮我浇水施肥了。我的小阳台上，经年累月至今，依然种植着几盆铁线莲，春开夏休，秋复冬眠。

感谢米米的欣赏和邀请，让我对铁线莲的这份爱与付出，在这里"跃然纸上"，与你相见。

奈奈与七

2018 年 3 月

绘者简介

奈奈与七（微博同名），铁线莲手绘达人。爱莲十年，始于2008。

目录

第三章

79 **经典铁线莲品种赏析**

第一章

在开始种植
铁线莲之前需要掌握的

基础知识

铁线莲是什么植物

　　铁线莲（clematis）源自希腊语"klema"，寓意藤蔓植物，或者爬藤类植物。"klema"在希腊语中的意思是"爆竹"，干枯的铁线莲茎干在火中燃烧发出噼啪声，就像爆竹一样，名字由此而来。

　　铁线莲有300多种，分布于世界各地，最主要分布在北半球温带地区。总的来说，大花铁线莲具有很强的抗逆性，在-40℃以下还能生长，极端低温情况下，部分枝条会冻伤受损，导致花期延后。蒙大拿铁线莲不耐极端气候，在极其严寒的冬季易出现枝条受损，根系冻坏和腐烂，导致植株死亡的情况；持续超过35℃的高温，也会导致植株枯萎死亡。常绿铁线莲比较纤弱，只在很少有霜冻，且有保护设施的户外才可种植，夏季长时间的高温暴晒也会导致枝条枯萎死亡。

英国铁线莲发展史
（现代园艺铁线莲的编年）

　　1569年，意大利铁线莲（*Clematis viticella*）被引入英国，成为英国铁线莲的纪年。自此，到16世纪末，全缘铁线莲（*C. integrifolia*）、贝母铁线莲（卷叶铁线莲，*C. cirrhosa*）、华丽杂交型铁线莲（*C. flammula*，1596）、直立铁线莲（*C.recta*，1597）四类铁线莲被逐渐引入英国。

　　18世纪30年代逐渐引入了郁金香型铁线莲、革花型铁线莲、维罗娜铁线莲（*C. viorna*）。18世纪中期，先后引入了来自亚洲的原生品种（早期研究认为来自中国的湖北，后期更正，认为是日本繁育品种）——佛罗里达铁线莲（*C. florida*），以及另外两个中国品种——转子莲（*C. patens*）和毛叶铁线莲（*C. lanuginosa*）。通过园艺栽培驯化，这三种铁线莲与意大利组铁线莲交叉杂交繁殖，使铁线莲园艺品种的栽培上了一个新的台阶，大放异彩。

　　英国人Henderson从1835年开始进行铁线莲育种，最早的铁线莲杂交种*Clematis* 'Hendersoni'（*C.viticella* × *C.integrifolia*）便是由他选育成功的。1858年，George Jackman培育出*C.* 'Jackmanii'。

　　1872，Thomas Moore 和 George Jackman在《花园植物铁线莲》一书中将铁线莲分为4个品种：华丽杂交型铁线莲（*C. flammula*）、意大利铁线莲（*C. viticella*）、卷须铁线莲（*C. cirrhosa*）、

长瓣铁线莲（*C. atragene*）。

1877年，Thomas Moore 和 George Jackman 撰文确定230个品种的铁线莲：17种来自欧洲，主要为南部和东部；43种来自印度；9种来自爪哇；30种来自中国和日本的出色品种（铁线莲已知组群中，108个品种原生于中国）；11种来自中美洲和拉丁美洲；35种来自北美；14种来自非洲；4种来自南非；6种来自马斯克林群岛和马达加斯加；15种来自大洋洲；5种来自新西兰。当时的很多品种不受人喜欢，已经逐渐消失，不在园艺品种之列了。

19世纪末期由于枯萎病的出现，导致铁线莲的栽培一度落入低谷。一直到20世纪初，William Robinson 和 Ernest Markham，与 Francisque Morel of Lyon 合作，再次点燃人们种植铁线莲的热情，很多优秀的品种应运而生，大量新的品种被杂交出来并且命名，随后推广种植。20世纪50年代，铁线莲作为园艺植物开始在全球流行。

鉴于铁线莲的流行和在花园中的普遍种植，国际铁线莲协会于1984年成立，英国铁线莲协会于1994年成立，协会致力于推广铁线莲的栽种和品种保护。

中国铁线莲发展史

铁线莲属有野生品种350多种，广布世界各大洲。约150种分布于我国各地，其中98种属中国特有，以华中和西南地区分布居多。铁线莲属植物从接近海平面到海拔4900m范围内都有分布，其中分布最多的是云南省。

我国野生资源丰富，明代《群芳谱》中记载，铁线莲与西番莲叶、花都相似，但花心黑如铁线。1688年陈淏子的《秘传花镜》中介绍"铁线莲，一名番莲，或云即威灵仙，以其木细似铁线也。苗出后，即当用竹架扶持之，使盘旋其上。叶类木香，每枝三叶对节生。一朵千瓣，先有包叶六瓣，似莲先开，内花以渐而舒，有似鹅毛菊。性喜燥，宜鹅鸭毛水浇，其瓣最紧而多。每开不能到心即谢，亦一闷事。春间压土移栽。"据此描述，文中所述应该为一种重瓣铁线莲，推断可能类似铁线莲'绿玉'（*Clematis florida* var. *plena*）。

清代吴其浚的《植物名实图考》卷二十一，分类：蔓草类，转子莲（*C. patens*）。"转子莲，饶州水滨有之。蔓生拖引，长可盈丈。柔茎对节，附节生叶。或发小枝，

一枝三叶，似金樱子叶而光，无齿，面绿，背淡，仅有直纹。枝头开五瓣白花，似海栀而大，背淡紫色，瓣外内皆有直缕一道，两边线隆起。或云有毒，不可服食。"转子莲至今都有大量种植。

20世纪90年代，中国科学院植物研究所王文采院士专注于毛茛科植物的研究，是国内铁线莲分类学研究的泰斗。他将中国的130种铁线莲划分为9个组［威仙灵组（sect. *Clematis*）、灌木铁线莲组（sect. *fruticella*）、绣球藤组（sect. *cheiropsis*）、意大利铁线莲组（sect. *viticella*）、丝铁线莲组（sect. *naraveliopsis*）、黄花铁线莲组（sect. Meclatis）、大叶铁线莲组（sect. *tubulosa*）、尾叶铁线莲组（铃铛铁线莲）（sect. *viorna*）、长瓣铁线莲组（sect. *atrangene*）］。

张金政等利用我国原产的转子莲和引自外国的铁线莲品种进行杂交，获得杂种种子和杂种实生苗，经过15年的栽培观察实验，从后代杂种实生苗中筛选出适合我国北方栽培的4个优良品种（'紫星''红蕊堇莲''粉皱''粉凌'）。由于没有大量推广种植，故没有引入园艺市场。

昆明植物园高山花卉组从1995年以来一直从事铁线莲属植物的引种与栽培，先后从云南省的西北和东北部引种了8个野生种，从日本、英国等国家引种了40余个园艺品种，并成功地完成了其栽培。

近几年，铁线莲在中国有了蓬勃的发展，既有国外引入品种，也有花友、苗商自行杂交而成的品种。

文/Raya

铁线莲的分类

'苹果花'

Forsteri Group
常绿大洋组

　　大洋铁线莲大部分品种发源于欧洲，以英国为主。叶片开裂明显，四季常绿，部分品种香味明显，株型迷你，尤为适合盆栽。每年早春集中盛放一次，花量巨大，叶柄几乎没有攀缘性，枝条柔韧，适合各种造型牵引。开花需要适度的低温春化。

　　常见品种：'春早知'（*C.* 'Early Sensation'）、'银币'（*C.* 'Joe'）、'皮特里'（*C.* 'Petrie'）、'翡翠之梦'（*C.* 'Emerald Dream'）、'喝彩'（*C.* 'Ovation'）。

Armandii Group
常绿木通组

　　木通组铁线莲生长势强，株高5～7m。叶片光洁，深绿色，常绿，叶形宽厚，酷似月桂树叶。每年早春盛放一次，花量巨大，具香味，开花需要适度的低温春化。

　　常见品种：'苹果花'（*C.* 'Apple Blossom'）、小木通（*C.armandii*）、'雪舞'（*C.* 'Snowdrift'）等。

Cirrhosa Group
常绿卷须组

　　木质藤本，可攀缘生长，种源来自地中海地区。深秋、冬季和早春在老枝上开花。花向下垂，呈钟状，4个萼片，花径可达8cm，花色有白色、奶油色或奶油带紫色星条，以及玫红色。花期后进行必要的中度修剪。移植时浅种即可。

　　常见品种：'铃儿响叮当'（*C.* 'Jingle Bells'）、'雀斑'（*C.* 'Freckles'）。

'春早知'

'铃儿响叮当'

早花大花、晚花大花品种

早花大花组 *Early large-flowered Group*

大花铁线莲中的早花品种，多在春夏季老枝上开花。花型花色丰富，修剪类型多为中度修剪。若重度修剪，会导致花期推迟、重瓣品种开单瓣花。

常见品种：'恺撒'（又名'皇帝'）（*C.* 'Kaiser'）、'约瑟芬'（*C.* 'Josephine'）、'白王冠'（*C.* 'Hakaookan'）、'斯丽'（*C.* 'Thyrislund'）、'伊莎哥'（*C.* 'Isago'）等。

'恺撒'

晚花大花组 *Late large-flowered Group*

大花铁线莲中的晚花品种，夏秋季在新枝上开花。修剪类型多为重度修剪。其中特别值得一提的是英国埃维森推出的矮生系列，既可按早花管理，亦可按晚花管理，花型优美，株型精致。

部分高大品种晚花大花铁线莲，也可进行中度剪管理，依靠顶端开花优势，可以做花墙或者装饰大型篱笆。3年左右枝条更新重度修剪一次。

常见品种：'戴纽特'（*C.* 'Danuta'）、'玛格丽特·亨特'（*C.* 'Margaret Hunt'）、'蓝天使'（*C.* 'Blue Angel'）、'杰克曼二世'（*C.* 'Jackmanii'）等。

'戴纽特'

'维尼莎'

南欧组（意大利组）*Viticella Group*

南欧组（意大利组）铁线莲原产欧洲南部，适应性强，在地中海气候和欧洲北部寒冷的气候下都能健壮生长。它们性喜阳，不宜种在荫蔽处；耐贫瘠，可以在低肥，甚至贫瘠土壤种植；抗病性强，很少感染对大花铁线莲危害最大的枯萎病。南欧组（意大利组）铁线莲长势很好，平均高度达3m。花型较小，大多为微低垂铃形，花径4~13cm。花期从夏季到秋季，当年枝条上开花，花期长且开花多，早春（2—3月）应进行重度修剪，保留株高20~40cm。

常见品种：'索利娜'（*C.* 'Solina'）、'维尼莎'（*C.* 'Venosa Violacea'）、'丰富'（*C.* 'Abundance'）、'小白鸽'（*C.* 'Alba Luxurians'）、'紫罗兰之星'（*C.* 'Etoile Violette'）等。

佛罗里达组 *Florida*

佛罗里达组铁线莲原产于中国南部和东南部，18世纪后被引种到日本园林中，1776年被Thunberg引种到欧洲。其茎细长，能长到2m。叶片生长期是深绿色，秋季变为紫红色。花朵直径5~10cm，从嫩枝上发出，花期在花园中是6—9月，在无霜寒冷区，花期从5月初到12月末。花开放和衰败都很慢，达几周之久。该类型铁线莲不耐寒，在中国北方应盆栽，置于0℃以上的地方越冬。

常见品种：'幻紫'（*C.* 'Sieboldii'）、'绿玉'（*C.* 'Alba Plena'）、'卡西斯'（*C.* 'Cassis'）、'大河'（*C.* 'Taiga'）、'乌托邦'（*C.* 'Utopia'）、'美好回忆'（*C.* 'Fond Memories'）等。

'幻紫'

德克萨斯、铃铛品种

Texensis and Viorna Group

德克萨斯组和尾叶组（铃铛铁线莲）

德克萨斯组和尾叶组铁线莲（铃铛铁线莲）基部木质化，尽管德克萨斯组铁线莲及其杂交种产自热带地区，但在较冷地区也能生长良好，能抵抗冬季的寒冷。地栽时应比容器栽培苗深5~10cm，四周1㎡范围内的地面上应该铺上厚厚的园艺覆盖物，使根免受霜冻，保持土壤湿润。早春将地上枯萎部分进行基部修剪，地下芽会长出优美的枝条，株高可达2~3m。新枝条上开花，花期从早春到夏季。此类型铁线莲的缺点是易感白粉病，需种在向阳、通风良好、土壤排水良好的环境中，以降低发病率。

常见品种：'格拉夫泰丽'（*C.* 'Gravetye Beauty'）、'舞池'（*C.* 'Odoriba'）、'戴安娜王妃'（*C.* 'Princess Diana'）、'凯特公主'（*C.* 'Princess Kate'）等德克萨斯组，以及'樱桃唇'（*C.* 'Cherry Lip'）、'克里斯巴天使'（*C.* 'Crispa Angel'）、'国王的梦'（*C.* 'King's Dream'）等尾叶组铁线莲（铃铛铁线莲）。

'樱桃唇'

'凯特公主'

其余分类

长瓣组 *Atragene Group*

木质藤本，单叶或二回三出复叶。春季在老枝上开花，晚些时候在新枝上开花。低垂的铃状花朵，花径4~10cm，4个萼片，外雄蕊退化成花瓣，比花萼短。花有白色、黄色、粉色、紫红色、蓝色、紫蓝色或者紫罗兰色。种植以浅种为宜，较适合种植在朝北、朝东方向，但日照少于2小时可能会不开花。花期过后根据需要进行修剪。冬季土壤较潮湿时应注意防止真菌感染。原产于纬度较高的地方（欧洲东南部到西伯利亚、中国北部、北美）和高山地区。耐湿热性差，高温湿热天气需要避雨通风半日照环境。

常见品种：'蓝鸟'（*C.* 'Blue Bird'）、'赛西尔'（*C.* 'Cecile'）、'白色高压'（*C.* 'Albina Plena'）、'粉红玛卡'（*C.* 'Markham's Pink'）等。

'蓝鸟'

'唐古拉'

西藏组

西藏组铁线莲由钝萼甘青铁线莲（*C. tangutica*）和甘川铁线莲（*C. orientalis*）杂交产生。花朵低垂铃形或平展，花径达3~8cm，4个或5~6个萼片，花白色、奶油色、黄色或黄中带紫红色，花期6—10月。无支撑物时匍匐生长，小型品种可盆栽或吊篮栽培。春季生长前需要强修剪，植株保留10~40cm高。此类铁线莲喜光，耐寒，耐贫瘠。

常见品种：'钴黄'（*C.* 'Aureolin'）、'唐古拉'（*C.* 'Tangutica'）、'比尔·麦肯兹'（*C.* 'Bill Mac Kenzie'）、'黄铃'（*C.* 'Lambton Park'）等。

蒙大拿组

木质藤本，二回三出复叶或羽状复叶。春季在老枝上开花，花朵朝上开放，花径3~10cm，花萼一般为4片。花多为粉色，亦有白色或深紫红色。一般在冬季进行修剪，修剪掉枯枝和没有花芽的部分，花后根据需要也可以修剪。蒙大拿组原产于中国西部到喜马拉雅山区的高山地带，耐热性差，南方地区种植要放在凉爽的北面过夏。

常见品种：'鲁宾斯'（*C.* 'Rubens'）、'布朗之星'（*C.* 'Broughton Star'）、'杰出'（*C.* 'Superba'）、'巨星'（*C.* 'Giant Star'）、'绿眼睛'（*C.* 'Green Eyes'）等。

'巨星'

'哈洛卡尔'

全缘组（单叶铁线莲）

单叶（杂交）型铁线莲由全缘铁线莲（*C. integrifolia*，叶身的边缘呈连续的平线或弧线，不具有任何齿或缺刻，这样的叶称为全缘叶）中的一些品种和选育出的杂交种组成。它们为多年生草本，直立生长，无攀缘习性，植株高40~200cm不等。单叶（杂交）型铁线莲花期长，开花多，生长健壮，生命力强。当没有支撑物时，它们就在地面上蔓延，形成迷人的地被景观。它们的地上部分每年都会枯萎死亡，第二年春季再从地下萌发新芽。修剪应在早春进行，剪至茎基部。

常见品种：'哈洛卡尔'（*C.* 'Harlow Carr'）、'阿柳'（*C.* 'Alionushka'）、'阿拉贝拉'（*C.* 'Arabella'）、'紫铃铛如古'（*C.* 'Rooguchi'）等。

'屏东'

图 / 小色阿郎

华丽杂交组

　　多年生草本，直立生长，基部木质化。夏季开花，萼片多为4个，花小，花径3~5cm，圆锥花序，花白色、紫白色或者蓝白色，多数有香味。

　　常见品种：'屏东'（*C.* 'Akoensis'）、'如步'（*C.* 'Rubromarginata'）等。

中国原生葡叶铁线莲

图 / 小色阿郎

葡叶组（葡叶铁线莲、中国有原生）

　　木质藤本，二回三出复叶或羽状复叶。晚春、夏和早秋时在新枝上开花，花朵呈直立状平展，花径达5cm，4个或5~6个萼片，白色。其亲本至少有一代是属于植物分类学中的铁线莲属植物钝萼铁线莲（*C. vitalba*）、美花铁线莲（*C. potaninii*）或维吉尼亚铁线莲（*C. virginiana*）。此类铁线莲种植时以浅种为宜，冬季重度修剪，保留植株高20cm即可。在冬季土壤较潮湿的情况下，需预防真菌感染。

　　常见品种：'夏雪'（*C.* 'Summer Snow'）、'旅行者的喜悦'（*C.* 'Traveler's Joy'）等。

大叶组（大叶铁线莲）

　　多为直立草本。花小，铃形或者钟形，花多簇生，花白色、粉色、浅紫色、淡黄色等，花期夏秋。多做花境栽培。春季生长前重度修剪，保留植株高20cm。移栽时保持原有的栽植深度。

　　常见品种：'罗伯特·布瑞登夫人'（*C.* 'Mrs Robert Brydon'）、'爱德华·普里查德'（*C.* 'Edward Prichard'）等。

大叶铁线莲

盆栽铁线莲的准备

花盆的选择

地栽铁线莲开花时的壮观给我们留下了深刻的印象，实际上盆栽也是铁线莲极好的表现形式。相比地栽铁线莲的奔放和巨大，盆栽讲求精致和美观，对于只拥有阳台和露台的花友来说，盆栽也是更大的福音。

花盆的选择，除了考虑个人的喜好之外，还需要考虑形状、材质和种植对象。

花盆的形状

铁线莲的根是肉质根，根扎入土中很深，所以对花盆的高度有一定要求，一般选择直径与高度比为1:1～1:1.5的花盆。高度超过直径1.5倍则不利于土壤干湿循环，所以花盆也不是越高越好。最佳比例是1:1.2，例如花盆直径30cm、高度36cm左右最佳。花盆形状也可以根据铁线莲的品种特性进行选择，比如晚花大花组矮生系列可以尝试使用矮胖花盆。

瘦高盆

红陶盆

花盆的材质

从理论上来说，铁线莲的肉质根对花盆的透气性有一定的需求。首选是透气性能良好的红陶盆。米米经过7年的观察，发现同样的种植环境中，陶盆种植的铁线莲根系发达，白绢病和烂根等根系问题极少发生。但陶盆水分蒸发快，在干燥地区和高温季节需要及时浇水，避免缺水导致根系损伤。

塑料盆和树脂盆，透气性略差，质地轻盈、价格优廉，非常适合需要考虑承重问题的阳台和露台。在介质配比上，选择增加颗粒介质可以改善透气问题。近年来推出的控根盆，透气性能得到大幅度提高，用于种植铁线莲是非常不错的选择。

树脂盆　　　　　　　　塑料盆

粗陶盆、紫砂盆和水泥盆，透气性介于红陶盆和塑料盆之间。粗陶盆、紫砂盆和水泥盆观赏性强，可用于花园造景，它们的存在就是一种美。唯一的缺点大概就是太重了，要挪动口径超过40cm的花盆可有点吃力。

粗陶盆

红陶盆中根系生长情况　　　　塑料盆中根系生长情况

一般不选择使用木质材料、瓷盆和铁盆。木质材料在过于湿润的地区容易腐烂，并为白绢病提供温床。瓷盆透气性极差，极容易因土壤过度湿涝而使铁线莲烂根。铁盆在夏季高温时能把铁线莲的根都焖熟了吧！

花盆的大小

花盆大小选择的原则是：小苗用小盆，大苗用大盆，逐年更替。在选择花盆的时候，最忌讳的一点就是大盆种小苗。小苗根系少，植株枝条不旺盛，水分蒸发慢。如果选用太大的花盆，土壤干湿循环缓慢，根系长时间得不到新鲜氧气交换，极其容易引起烂根。

新购P7、P9规格小苗（P指盆口径的大小，方形的取对角线长度，7cm的为P7，9cm的为P9。盆栽苗以P7、P9等盆的规格为约定俗成的定义方式，p.16将详述其中的差别）和裸根1~2年苗，用直径15cm左右的塑料盆或20cm左右的红陶盆种植；新购P14、1加仑规格的中苗或裸根3年苗，用直径25cm左右的塑料盆或者红陶盆、粗陶盆。

新苗种植超过9个月后，可以在适当的季节换更大号的花盆，如15cm换成25cm，25cm换成40cm。到40cm之后，可以2年不换盆了；如果是超过50cm的花盆，再用3年也是没问题的。再往后，盆栽植株就进入老化阶段，更换新的植株更有意义。

常用工具

种植铁线莲一般需要用到铲、耙、园艺剪、扎带、麻绳等工具。

介质的使用

铁线莲的根系是肉质根，透气性好的介质是植株健康生长的关键。对于盆栽来说，介质更是铁线莲生长的基础，用好了介质，在后续的管理上可以简单和轻松很多。

先来了解基础介质的特性。

泥炭

含有机质和腐殖酸，质地很轻，透气性好，保水、保肥能力强，一般无病菌或虫卵；本身所含养分较少，干燥后再吸水很困难。偏酸性，常分为白泥炭、黑泥炭两类，不同地区的泥炭成分差异较大。进口泥炭比东北泥炭好用。但泥炭属于不可再生资源，从环境资源保护的角度来说，是不提倡使用的。

泥炭是盆栽铁线莲的基础介质，盆栽一般使用10~25mm规格的。东北泥炭酸性特别强，不建议用于铁线莲种植。

腐叶土

腐叶土质地较轻，富含腐殖质，肥力较好，透水、透气，可改良介质。偏酸性，可通过花园堆肥自产自销。

种植铁线莲可选的一种基础介质，酸度较高，所以使用量建议不超过总体积的30%。

谷壳炭（稻谷炭）

质地轻、透气排水性能较好，可用于调高介质碱性。

种植铁线莲必选颗粒介质之一，使用量一般为5%～10%。主要作用是调节介质碱性，铁线莲喜欢偏碱性介质。

爱丽思颗粒土

具有良好的保水性、排水性和透气性，富含矿物质和适当的肥料。因爱丽思颗粒土中含有蛭石，长三角地区塑料盆栽种可以在使用前将蛭石筛除，陶盆栽种和北方地区可以直接使用。

种植铁线莲可选的一种基础介质，多选用花用或球根用规格，使用量一般为20%～50%。

赤玉土

含有一定的磷钾肥。高通透性的火山泥，无有害细菌，pH（酸碱度）呈微酸。其形状有利于蓄水和排水，适合各种高档的盆栽植物。日本园艺常用的一种介质，甚至有成功用纯赤玉土栽培植物的案例。作为扦插介质和种植介质都极好。

种植铁线莲可选颗粒介质之一，一般使用直径3～6mm规格的。

珍珠岩

珍珠岩质地轻，排水性、透气性好，一般不分解，但浇水时易浮上土面。含少量氟元素，可能伤害某些植物。珍珠岩价格便宜，是性价比较高的一款颗粒。但由于其质地轻，易漂浮和飞扬，所以较少使用在大苗上。一般用于扦插小苗上盆。

种植铁线莲可选颗粒介质之一，一般使用直径3~6mm规格的。

硅藻土

多孔状颗粒，稳定性好，能降低介质密度，疏松介质，减少板结，利于植物根系的空气渗透、循环和流动。常用于多肉植物，尤其适合给多肉植物铺面。

种植铁线莲可有可无的一种颗粒介质，一般为超过30cm的花盆配介质会使用少量直径1~3mm规格的硅藻土，作用相当于粗砂。

桐生砂

通透性、蓄水性、流通性和排水性均很好。和赤玉土混合能提高栽培土的排水性。不易粉碎，适合不适宜换盆和不用换盆的植物。

种植铁线莲可选颗粒介质之一，一般使用直径3~6mm规格的。

蛭石

蛭石质地轻，保水、保肥和透气性都很好。不含养分，质地较脆，容易破碎，不适合与其他介质混用，长期使用则透气性和排水性变差。一般只用于扦插。北方干燥地区可以加入种植介质，提高介质保水性。

种植铁线莲基本不使用蛭石。但蛭石是很好的扦插介质，扦插使用直径1~3mm或者3~6mm规格的均可。与赤玉土混合后扦插效率更高。

椰糠

椰糠价格便宜，属于可再生资源，掺入介质可以提高透水性，但因无肥性且不含微量元素，不建议使用比例过大，建议多年生植物比例不超过15%。

种植铁线莲可选，小苗使用比例不超过30%，大苗使用比例不超过15%。

鹿沼土

有很高的通透性、蓄水力和通气性，没有有害细菌。

种植铁线莲可选颗粒介质之一，一般使用直径3~6mm规格的。

园土

合格的园土肥力较高，团粒结构好。缺水时易板结，湿时透气性较差；可能带有病菌和虫卵。合格的园土在城市里很难获取。

盆栽种植铁线莲不建议使用园土。

松鳞

松鳞透气性好，保水、保温、质地轻、酸性。但有机质太高，容易腐败，必须发酵后才能作为栽培介质。一般用于月季。潮湿多雨地区不建议过多使用，尤其是不要给铁线莲使用。

不管是盆栽还是地栽，种植铁线莲不建议使用松鳞。

在气候比较多雨潮湿的地区，建议介质的配制考虑透水性和透气性。如长三角地区，可以选用泥炭、鹿沼土、赤玉土、椰糠等基础介质，并加入调节介质碱性的谷壳炭。

定植2年以上植株介质配比建议

简约版介质配比：泥炭6份，谷壳炭1份，珍珠岩3份。

泥炭　　　　　　谷壳炭　　　　　　珍珠岩

升级版介质配比：泥炭6份，谷壳炭1份，鹿沼土2份，赤玉土1份。（鹿沼土可用桐生砂、颗粒硅藻土代替）

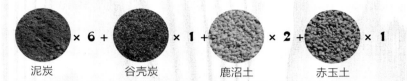

泥炭　　　　谷壳炭　　　　鹿沼土　　　　赤玉土

超强版介质配比：泥炭4份，爱丽思颗粒土（直接使用）2份，谷壳炭1份，鹿沼土2份，赤玉土1份。（爱丽思颗粒土可用腐叶土代替，鹿沼土可用桐生砂、颗粒硅藻土代替）

泥炭　　　爱丽思颗粒土　　　谷壳炭　　　　鹿沼土　　　　赤玉土

懒人版介质配比：泥炭5份，爱丽思颗粒土（筛去蛭石）4份，谷壳炭1份。

泥炭　　　爱丽思颗粒土　　　谷壳炭

　　以上配比比较适合塑料盆，如果是红陶盆，可以将泥炭比例提高1份，相应减少除了谷壳炭以外的颗粒介质1份。

1周年内的小苗版介质配比建议

　　泥炭7份，谷壳炭
0.5份，赤玉土1份，珍
珠岩1.5份。（珍珠岩可
用椰糠代替）

泥炭　　　　谷壳炭　　　　赤玉土　　　　珍珠岩

配好的介质

　　介质和花盆都是植物种植的基础，但任何介质的配比都不需要教科书式的严谨。介质的配比、环境的通风情况、日照时间、浇水和施肥，这些因素都在发挥着作用，默默地影响着植株的生长。根据每个花园、露台、阳台的实际情况不同，每棵植物的介质、花盆、植株状态不同，以及每个季节气候天气的不同，所有的一切都是从试探到熟悉，最后到信手拈来，新手有一天就成了大师了。

花苗的种类和购买时间

市场上售卖的铁线莲有很多种规格，每种规格都有优点和缺点，不同规格有不同的最佳种植时间。我们来认识一下它们。

裸根1年苗

裸根1年苗大概有6～10条主根，1～2个芽点。

裸根1年苗

裸根打土苗

国内卖家为方便发货，将植株介质去除后发货。以2~3年苗为主。

裸根2年打土苗（左边为三类铃铛，右边为二类大花）

盆栽苗

P7盆栽1年苗，尺寸约7cm×7cm×10cm的方形盆栽种的苗。

P9盆栽2年苗，尺寸约9cm×9cm×12cm的方形盆栽种的苗。

P14盆栽2年苗，尺寸约11cm×11cm×14cm的方形盆栽种的苗。

1加仑、2加仑等不同规格苗，一般为国内卖家种植2年以上的苗。

C2盆栽3年苗，尺寸约14cm×14cm的圆形盆栽种的苗。

每种规格的对比照

P9盆栽

1加仑和3升容器苗

P14容器苗情   P14苗情根系

进口或国内卖家的盆栽苗基本以P7、P9、P14、C2、加仑为约定俗成的规格。因品种的差别，同等规格的苗情也有较大的差异。一般同等年份的铁线莲根系情况为三类重度修剪的品种好于二类中度修剪的品种，二类中度修剪的品种好于一类轻度修剪的品种。

C2容器苗

铁线莲不同苗情的优缺点和种植注意事项表

规格	最佳种植时间	优点	缺点	种植注意事项	推荐购买指数（五颗★为最推荐）
裸根1年苗	11月至次年1月	价格便宜，一般为苗圃采购，种植1~2年后出售	成活率低，需要2年生长期才能爆发	提前预订，收到后立即种植。介质配方选用泥炭占比比较大的小苗配方，不加肥料。春季长势明显后可追加缓释肥。第1年养活，第2年养壮，第3年爆发。不适合直接地栽	★★
裸根2~3年苗	10月至次年3月	性价比高，新枝条开花的品种，春季有可观的花量	一般采用重度修剪的方式打土发货，老枝条开花的品种需要1年的枝条生长期，第2年才能爆发	介质配方中可以使用缓释肥，不使用有机肥，种植3个月内避免使用液肥（速效肥）。4—6月种植死亡率较高。秋冬季可以直接地栽	★★★
P7盆栽	10月至次年3月	价格便宜，品种丰富	需要1~2年的生长期	收到后立即换盆，不需要去除原土。不适合直接地栽。国产的P7可能是当年扦插的不满1周年的苗	★★★
P9盆栽	全年	进口的P9盆栽2年苗性价比高，品种丰富，生长迅速	需要1年的生长期	收到后立即换盆，不需要去除原土。不建议直接地栽	★★★★★
P14盆栽	全年	成活率高	价格较高	带花购买的植株，花后进行修剪和换盆。其他季节购买的，可以立即换盆。去除一半左右的原土，换配方介质栽种。可以带原土地栽	★★★★★
加仑盆栽	全年	成活率高，2加仑以上的盆栽直接可以赏花	价格较高	带花购买的植株，花后进行修剪和换盆。其他季节购买的，可以立即换盆。去除一半左右的原土，换配方介质栽种。可以带原土地栽	★★★
C2盆栽	全年	成活率高，新枝条开花的品种当年爆发	价格高。进口C2盆栽3年苗基本修剪枝条发货，老枝条开花的品种需要到第2年爆发	收到后需要去除一半左右的原土，换配方介质盆栽，可以带原土地栽	★★★★

铁线莲健康生长的四个条件

通风·阳光·介质·修剪

露天花园　　阳台

露台　　　　透明顶阳光房

通风环境

在通风的环境中，植株叶片和种植介质蒸发水分的速度会加快，根系水分循环周期变短，根系获得新鲜的氧气更多，叶片更健康，植株更健壮。相反，在室内等通风不良的环境中，水分蒸发变慢，植株对养分的吸收变缓，叶片柔软不坚挺，根系不健康，更容易产生病虫害和烂根。

阳光

充足的阳光是光合作用的基础，为植物提供大量的养分，促进铁线莲健康生长。

太阳光直接照射（能产生影子的效果）为直射光，室内或朝北等明亮的光（不能产生影子效果）为散射光。直射光是大部分植物必需的阳光，充足的阳光能让铁线莲实现更有效的光合作用，从而健康生长。铁线莲对阳光的需求比月季略低，但也属于喜阳植物。根据所属类别的不同，铁线莲在半日照到全阳的环境中才可以健康地生长，并持续开出高质量的花。

一般直接日照时间6小时以上称为全阳环境，直接日照4小时左右称为半日照环境，日照时间不足2小时则为少量日照环境。也就是说，至少需要种植环境朝向为南至东，因为朝西和朝北日照时间太短。

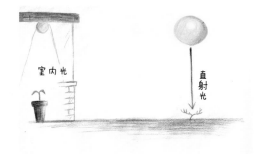

直射光和室内光

透气良好的介质

　　铁线莲非常喜欢透气良好的介质。加入了各种颗粒介质的泥炭，既不会板结，又能适度保持水分和肥性。透气良好的介质，可以促进根系的健康生长，也可以避免因积水和过涝引起的根系问题。

配方介质

正确的修剪

　　铁线莲的健康生长离不开正确的修剪。春季因不同种类的不同开花方式决定修剪方法；冬季、花后、夏季，三次正确的修剪，能为盆栽铁线莲全年持续开花提供最基础的保障。修剪错误可能导致春季花少，甚至不开花。

铁线莲的冬季修剪方式可分为三个大类

一类轻度修剪（老枝条开花）
　　这是在前一年长出的枝条上开花的早花类型。冬季修剪仅需剪掉枯枝和没有花芽的过细枝条。主要包括常绿大洋组、木通组、卷须组、长瓣组和蒙大拿组。

二类中度修剪（新老枝条开花）
　　这个类型从前一年长出的枝条的节上直接坐花，花后进行修剪则会发出新芽且在夏秋季开花。主要包括早花大花组、佛罗里达组。

三类重度修剪（新枝条开花）
　　这个类型是前一年长出的枝条枯萎后，从接近地面的地方发出新芽，从各个节处或枝条末梢开花。需要从植株底部保留壮芽后修剪。主要包括晚花大花组、南欧组、德克萨斯组、尾叶组和全缘组。

重度修剪后春季萌芽的三类重度修剪品种

M ethod for planting clematis

第二章

从冬季开始种植
获得完美盆栽

铁线莲的方法

1月

冬季
采购、修剪和施肥

1月，全国各地都进入最冷的低温期，也是铁线莲种植养护最关键的时期。除了东北，其他室外土壤不会上冻的地区适合购买任何形态的铁线莲，盆栽、裸根都很适合。1月也是冬季休眠期修剪、换盆或换土、追肥的最佳时间段。从忙碌的1月开始启动今年的铁线莲种植计划吧！

长瓣组铁线莲、蒙大拿组铁线莲、二类中度修剪的所有品种、三类重度修剪的所有品种和部分佛罗里达组品种叶片已经进入深度休眠状态，叶片枯黄焦脆（但不会掉落）。休眠期间的铁线莲根系碰断、剪短造成的损伤都是无妨的，低温有利于根系新生。

1月常绿品种可见花苞

1月二类品种腋芽开始饱满

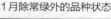

1月除常绿外的品种状态

Step 1 **冬季修剪，枝条牵引固定**

Step 2 **为老枝条开花的品种做造型**

Step 3 **冬季施肥**

Step 4 **购买盆栽或者裸根**

本月养护

浇水：冬季依然需要给盆栽铁线莲浇水，采用干湿交替的方式进行。即盆土表层3cm干燥的时候，需要充分浇水，浇透到水从盆底流出。北方室外地栽在11月底浇过上冻水后，基本可以不需浇水了；盆栽依然要根据实际情况决定浇水与否。

修剪：一年里最重要的修剪，按照不同种类的修剪原则进行。

施肥：一年里最重要的长效肥施用时间。

采购：除了东北，其他地区适合购买任何形态的铁线莲，盆栽、裸根都很适合；最高气温低于0℃时，网购时需做好植株保温，以免运输过程中发生冻伤。

防冻：气温低于−5℃时，常绿品种应避免长时间室外种植（7天以上持续低温时常绿品种比较危险）；气温低于−10℃时，二类中度修剪品种注意保护老枝条。

Step 1 冬季修剪，枝条牵引固定

为什么修剪后铁线莲开花更好？

    铁线莲的修剪分为一类轻度修剪、二类中度修剪和三类重度修剪三个大类，而这个分类的修剪指的就是冬季的修剪模式。

    修剪可以减轻植株的负担，也可以刺激植株恢复活力，让养分集中向健壮枝条输送，促进花芽的形成。

    春季老枝条开花的二类中度修剪品种若不修剪，则枝条过长，容易导致枝条下半截没有花芽或花芽分布零散。修剪后可以让枝条更健壮，花芽更集中。

    新枝条开花的三类重度修剪品种若不修剪，则春季新枝萌发在老枝条的顶端，植株下半段空无一叶，极不美观；且养分输送距离过长，顶端枝条萌发也会细弱无力，开花质量下降。修剪后可以促进新笋和粗芽的萌发，花量大而花形美。

修剪后二类中度修剪品种的萌芽状态图

修剪后三类重度修剪品种的萌芽状态图

修剪工具：细枝剪

冬季修剪是一年里最重要的一次修剪，铁线莲修剪分类的基础也来源于冬季（修剪一定要在晴天进行）。

修剪之前先检查枝条的健康状态。老枝条开花的品种要先去除枯叶，新枝条开花的品种不需要。

每年的1月是全国大部分地区最寒冷的季节，也是全国大部分地区铁线莲正式进入休眠状态的季节。然而，这并不是我们最清闲的季节。我们要在这个月完成大部分铁线莲的冬季修剪、施肥和换盆工作。

江浙地区最佳的修剪时间在每年的小寒之后、立春之前（小寒是每年公历1月5日或6日，立春是每年2月3日或4日）；北方地区修剪可以延迟到2月底3月初完成；华南地区在9月底10月初完成修剪更佳。

健康的枝条
芽点饱满

不健康
的枝条
没有芽

枯萎无效
枝条

健康枝条

一类轻度修剪的品种

只需要将枯叶和细弱枝条剪去，将健康枝条捆绑固定就可以了。

枯叶休眠的一类轻度修剪品种冬季修剪示意图

常绿大洋组枯叶修剪前

常绿大洋组枯叶修剪后

二类中度修剪的品种

　　健康的枝条对于二类中度修剪的品种来说非常关键，尤其是春季老枝条开的重瓣花的品种，枝条越粗壮，发生枯萎的概率就越低。所以修剪的时候，一定要将细弱枝条整根剪掉，粗壮枝条留7节以上。枝条上健壮饱满的芽点是修剪的一个指示标志，有饱满芽点就意味着这些枝条要留下来，很多品种都是一个芽点一朵花。此外，盆越大枝条可以留越多，架子越高大枝条也可以留越多，按照盆和架子的搭配进行修剪和枝条固定。这时候的枝条柔韧性比较好，造型牵引不容易发生折断，固定的方式可以多种多样，便于操作和保证枝条的完好就可以了。

健康饱满芽点

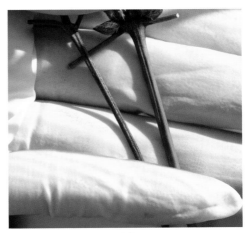

粗壮枝条与细弱枝条的对比

二类中度修剪品种冬季修剪
示意图

二类中度修剪品种冬季修剪后
示意图

二类中度修剪品种修剪前

二类中度修剪品种修剪后

三类重度修剪的品种

　　放心大胆地进行重度修剪，留下3~7节，其他部分全部剪掉。注意重度修剪不等于全部剪光。全缘组和德克萨斯组的铁线莲冬季土面上枝条全部枯萎，这两类只要把枯萎的部分都剪掉就好了。在江浙地区，1月基本可以看到三类重度修剪品种的笋芽，以及老枝条上饱满的芽点。三类重度修剪的品种，春季的花都开在新枝条上。能发越多粗壮的新枝条，意味着春季的花量越大。此外，修剪也要考虑盆和架子的配套。留下的老枝条越多，意味着春季能萌发的新枝条也会越多，但如果花盆太小，养分则不一定能供给全部枝条的发育。比如25cm的花盆，春季5根新枝条开的花，质量会远高于10根枝条开出来的花。花大，二级、三级花多，枝条少不等于花少。所以花盆小，则修剪到3节；花盆大，则修剪到7节。三类重度修剪留到7节大概有50~100cm的高度，留得太多，春季植株可能会下半截不丰满，没有叶子，不够美观。

三类重度修剪品种修剪后

三类重度修剪品种冬季修剪示意图　　三类重度修剪品种冬季修剪后示意图

'索利纳'重度修剪后开花图

　　轻度和中度修剪不意味着轻松，重度修剪不意味着麻烦。轻度和中度修剪要留下足够的老枝条，在修剪的时候考验我们的眼力和手力，因为它们的修剪是一个精细工作。重度修剪，只要在植株上一剪刀下去，就完工了。所以在管理上来说，重度修剪是最简单的。

拯救一枝独秀的铁线莲

适用于二类中度修剪和三类重度修剪品种，也包括佛罗里达组

　　铁线莲枝条越多意味着花越多，遇到一枝独秀的苗，总是让人"恨铁不成钢"。

　　冬季是拯救"一枝独秀"苗的最好时机。在1月初选择重度修剪（留主杆1~2节即可）可以有效促进新笋芽的萌发。

小苗重度修剪后的照片

二类中度修剪品种春季花芽萌发

三类重度修剪品种重度修剪后春季萌发的新芽

　　对于老枝条开花的品种来说，会损失这一年的春花，但来年花量会非常可观。新枝条开花的品种则可以促发更多新笋芽，枝条更多，花也会更多。

　　一类修剪的品种笋芽萌发较少，不建议重度修剪促芽。

Step 2　为老枝条开花的品种做造型

　　老枝条开花的所有品种，修剪完成后都可以做一次枝条牵引和固定。冬季的枝条柔韧性最好，最不容易折断，将枝条与花架做好捆绑和固定，植株与花架在春季就会变成一个艺术品。

　　捆绑工具：扎线、麻绳、扎带、固定工具。

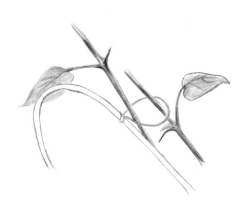

8字结捆绑方式手绘图

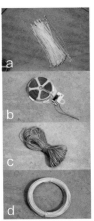

a 扎带
b 扎线
c 麻绳
d 包塑铁丝

图/四川老邪

Step 3　冬季施肥

冬肥的作用

冬季是绝大部分铁线莲的休眠期，是老枝条开花品种的花芽形成期，也是新枝条开花品种的新芽孕育期。每年在冬季为铁线莲追加一次长效肥非常有必要。

大苗一般选择使用磷钾含量高的魔肥（或有机肥），促进花芽的形成；小苗选择使用氮磷钾配比均衡的缓释肥（如美乐棵、奥绿等），促进枝条的发育。

肥料的解析

某种元素缺乏时植物不能正常生长发育，如：氮不足时植株生长矮小，分枝分蘖少，叶色变淡，呈浅绿或黄绿色，尤其是基部叶片。磷不足时植株生长缓慢、矮小、苍老、茎细直立，分枝或分蘖较少，根系发育差、易老化，花少或不开花。钾不足则影响茎的强度，易倒伏，最初的表现是老叶叶尖及叶缘发黄，以后黄化部逐步向内伸展，同时叶缘变褐、焦枯、似灼烧，叶片出现褐斑。

基肥

也叫底肥，是指在播种或移植前施用的肥料。主要供给植物整个生长期所需要的养分，为作物生长发育创造良好的土壤条件，同时也有改良土壤、培肥地力的作用，一般使用有机肥或缓释肥（控释肥）。

基肥

追肥

追肥

这是指在作物生长过程中加施的肥料。追肥是相对基肥来说的，是指在播种或移栽作物之后，在某些特定的生育期施肥，满足作物该时期对养分的大量需要，或者补充基肥的不足，以促进生殖生长，达到最佳状态。一般使用速效肥进行追肥。多年生植物，若不进行移植或翻盆，每年冬季都应该追加一次有机肥或缓释肥（控释肥）。铁线莲大部分品种花期较长，除了冬季施肥和日常追肥外，还应该按照使用的肥料的肥效，在春秋季节追肥。

奥绿、美乐棵等长效复合肥

奥绿和美乐棵等长效复合肥，氮含量略高，有利于植株多分蘖、枝条粗壮，特别适合苗期和秋季生长旺盛期的铁线莲。每年9月可以使用奥绿或美乐棵为所有铁线莲追肥，每加仑盆使用5g左右。奥绿和美乐棵的复合肥品种很多，不同的品种有效成分配比和有效释放时间各有差异，铁线莲推荐使用奥绿5号、318S、美乐棵通用型颗粒控释肥。

其他类似品牌的肥料也可以参照说明书使用。

奥绿

魔肥

魔肥（有效成分：氮、磷、钾、镁的配比为6：40：6：15）

适合多年生花卉。种植铁线莲的这几年，我基本只用魔肥做长效肥，每年冬季施肥一次，能产生很好的促进花芽分化的效果。一般按照每加仑盆放20g左右的量进行。苗壮可以适当增加使用量。

有机肥——鸡粪

花卉型水溶肥　　通用型水溶肥

有机肥

可以在每年1月为地栽三类重度修剪的铁线莲施用成品有机肥，盆栽铁线莲根据品种和生长状态决定是否施用有机肥。一般原则上北方比南方可以在有机肥的使用上更粗放一点。另一个原则是任何品种的2年内苗盆栽时都不建议施用有机肥，2年以上苗且花盆超过2加仑的三类重度修剪品种可以适当施用。一类轻度修剪的品种，任何情况下都不建议施用有机肥。

速效肥

速效肥一般是指溶解于水后浇灌或喷洒叶面的肥料。按照铁线莲生长的不同阶段施用，如苗期和生长旺盛期施用氮含量较高的液肥，孕蕾前施用磷含量较高的液肥。常用的有花多多（1号、2号）、美乐棵（通用型、花卉型）、必达（必绿、必旺、必开花）等品牌。

Step 4
购买盆栽或者裸根

冬季采购的盆栽以休眠状态为主，购回后尽快换盆定植，并配置合适的花架。（参照p.74的12月换盆）

三种苗情

种植需要的物品

a 干燥介质（不建议使用）
b 潮湿的配方介质（建议使用）
c 比原盆大2~3号（直径大6~10cm）的花盆

d 透水孔需要的垫片
e 铲子
f 钵底石
适量的长效肥

1 只有一个大排水孔的花盆，可以在排水孔上放一个滤网，再铺上钵底石。

2 在花盆里加入配方介质3~5cm，并加入长效肥混合均匀。

3 带土移栽，脱盆后的植株放入花盆，沿着盆边加入介质。

4 用介质填满花盆与植株之间的空隙，拍打或摇动花盆，使介质充分填充花盆空隙，最后浇透水。

裸根铁线莲是所有售卖规格价格最低的一个类型，也是成活率较低的一个类型，但裸根有性价比高和品种众多的优势。

如何有效地提高裸根的成活率？

裸根大苗

种植裸根的时间：每年11月至次年2月，铁线莲生长滞缓期和休眠期是裸根铁线莲种植的最佳时间。低温有利于植株根系发育，而健康的根系才能为植株提供充足的养分。

裸根新植不加肥料：只留主根的裸根铁线莲对肥料的吸收非常有限，在新根生长之前都不需要肥料。种植3个月后，生长情况正常，再追加缓释肥即可。

1 梳理根系。

2 潮湿介质堆成山丘状。

3 骑马式放入裸根。

4 根系多的分层放根系，放土。

5 覆盖根茎结合部位，如嫩芽不超过2cm，也建议覆盖。

2月 冬眠苏醒前的管理
病虫害防治

　　1月底2月初正值春节前后，过年时丰富的娱乐活动很容易冲淡我们对植物的热情。1月底前忙完了修剪、换盆和施肥后，2月就可以很轻松了。

　　最低气温回升到高于5℃后，早花的铁线莲陆续开始芽苞丰满，甚至伸出"小触角"了；晚花的铁线莲土里的笋芽开始冒出土面；这时候只要根据干湿交替的规律按需浇水就行了。安静地等它们慢慢地苏醒。

二类中度修剪品种芽苞开始伸展

三类重度修剪品种新枝开始萌发

常绿品种花苞发育

Step 1　　**完成1月未尽事宜**

Step 2　　**预防倒春寒**

Step 3　　**购买萌芽状态的盆栽**

Step 4　　**预防病虫害**

 **本月养护**

　　浇水：参照1月进行。

　　施肥：已在1月追肥的铁线莲，本月不需要再施肥；1月未完成施肥的，可以抓紧时间进行。

　　病虫害预防：展叶前完成病虫害防治，预防永远比治疗更有效。

　　采购：天气回暖，铁线莲萌芽状态明显，适合采购盆栽。

Step 1
完成1月未尽事宜

1月底前没完成的修剪工作，可以在2月初抓紧进行。到2月下旬枝条上的健壮芽苞开始舒展，修剪太迟会导致植株养分的流失。

保证充足的日照。冬季的阳光能为植株提供温度和光合作用，对花芽的分化形成非常重要。

萌芽状态的盆栽

Step 2
预防倒春寒

2月初是全国大部分地区一年里最冷的时节，2月底缓慢升温，春意渐浓。这时候要特别注意防范倒春寒，在阳光房内过冬的植株要根据天气情况来判断是否能搬出室外，已经有花芽的早花品种在气温低于−3℃时需要暂时搬到安全的场所。

雪中的常绿大洋组'春早知'

Step 3
购买萌芽状态的盆栽

对于很多新手来说，顾忌到越冬的困难，可能会选择在春季购买新苗。2月的新苗芽苞壮，笋芽明显，可以一眼判断植株的健康状态。到了3月，植株花苞基本可见，笋芽长高且露出土面太多，如果选择3月网购，则容易发生折损，所以2月也是新购铁线莲的好时机。

Step 4
预防病虫害

2月也是为铁线莲做病虫害防治的关键时节，给冬眠的虫子们来一次大清剿非常有必要。铁线莲常见的虫害有软体动物、红蜘蛛、潜叶蝇、蓟马，偶发蚜虫、青虫和硬质介壳虫等，在盆土表面撒一次杀虫药（如日本DX内吸式杀虫药），或者给枝条和盆土表面喷洒蚧必治、阿维菌素各一次，能有效预防虫害。

铁线莲各种常见虫害及易发时间

软体动物

　　主要包括各种蜗牛、陆上活动的螺类和蛞蝓（俗称"鼻涕虫"）。多发于3—6月，夜间或雨天活动，主要以植物茎叶、花、果及根为食，并留下黑色线状的排泄物。被它们光顾过的铁线莲枝条极其容易枯萎。用小口瓶装少量啤酒，可以诱捕。若要手工捕捉，应当夜间进行，它们一般都藏在叶片或花朵的背面。

　　当数量众多时建议使用药物，如：软体动物专杀药物，每年初春提前使用一次药物可以很大程度地预防此类虫害发生。

蛞蝓

潜叶蝇幼虫

　　喜高温多湿，春季多发。幼虫为害植物叶片，幼虫钻入叶片组织中，潜食叶肉组织，造成叶片呈现不规则白色条斑，使叶片逐渐枯黄，造成叶片内叶绿素分解，危害严重时被害植株叶黄脱落，甚至死苗。治疗首选阿维菌素，喷洒叶片2次基本可以杀死幼虫。冬末喷洒亩旺特杀虫剂可以有效预防。

潜叶蝇幼虫

红蜘蛛

　　蛛形纲叶螨科害虫，学名叶螨，0.42～0.52mm大小。多发于干燥不通风环境，全年都可能发生。为害方式是以口器刺入叶片内吮吸汁液，使叶绿素受到破坏，使植物失去光合作用能力，叶片呈现灰黄点或斑块，叶片橘黄、脱落，甚至落光，严重时可导致植物死亡。眼观红蜘蛛最明显的视觉感受是，叶子上像蒙了一层灰。

　　用药推荐：阿维菌素、螨危、金满枝、阿维哒螨灵等杀虫药，按说明书配比，严重时可两种药混合使用。发病后，叶片反面必须喷药，雨后喷药效果更佳。上述药物每月定期喷洒能有效预防。

红蜘蛛

潜叶蝇、小黑飞成虫

　　春末夏初夜间活动为主，叶片上有很多小针孔似的伤口，多发于德克萨斯组的铃铛铁线莲。治疗办法：吡虫啉、阿维菌素、护花神等杀虫药物，按说明书配比。天黑后喷洒杀虫药，每3天一次，连续喷3次，基本就能灭杀。平时可以用这些药物预防。

潜叶蝇成虫

蓟马叮咬后

蓟马

　　夜晚活动的一种吸食汁液的体型微小害虫，进食时会造成叶子与花朵的损伤（焦黑、皱卷），影响美观，更影响植物生长。多发于气温在30℃左右的夏初和秋季。使用吡虫啉、阿维菌素、护花神等杀虫药物，可以有效预防和治疗。已发生蓟马虫害时，选择在天黑后喷洒杀虫药，每3天一次，连续喷3次，基本就能灭杀。

青虫、毛虫、蛾类蝶类幼虫、螟虫、叶蜂幼虫、茎蜂幼虫等长条形蠕虫

　　多发于夏末初秋，但铁线莲不是它们最喜欢的植物。每年9月初使用苏云金杆菌，一般稀释1000倍左右（即1g兑水1L）后喷洒，预防和治疗均有效。护花神、吡虫啉、阿维菌素等杀虫剂在幼虫形成后用于灭杀，效果也不错。

青虫

硬质介壳虫

　　铁线莲偶发。介壳虫有很多种，常见的有红圆蚧、褐圆蚧、康片蚧、矢尖蚧和吹绵蚧等。高发于干燥环境，主要黏附于叶片背面及茎部吸食植物，易传染，发现后要及时清理。使用护花神、蚧必治等，按说明书浓度喷洒和浇灌。

硬质介壳虫

蚜虫

蚜虫

　　又称腻虫、蜜虫，是一类植食性昆虫，有黑色的，有绿色的。会导致植物生长率降低、叶斑、泛黄、发育不良、卷叶、产量降低、枯萎，以及死亡。一般不冷不热的季节比较多。可以使用护花神、吡虫啉等各种低毒药物预防和治疗。

34

孕蕾期的养护

长瓣组、蒙大拿组、常绿大洋组 品种种植要素

进入3月，就到了花开之前最关键的养护期。老枝条开花的一类轻度修剪的长瓣组、蒙大拿组、常绿大洋组和二类中度修剪的早花大花组的品种，花苞以肉眼可见的速度每天生长，老枝条上萌发出的花苞很快就缀满了枝头。新枝条开花的三类重度修剪和佛罗里达组品种的枝条飞速生长，有些品种一天能长10cm以上。

二类中度修剪品种花苞图

三类重度修剪品种枝条生长图

一类轻度修剪常绿品种开花图

Step 1 **一类轻度修剪品种花期**

Step 2 **保护二类中度修剪品种的花苞**

Step 3 **为三类重度修剪品种牵引固定新枝条**

Step 4 **一类轻度修剪品种的花后修剪**

本月养护

浇水：干湿交替，即盆土表层3cm干燥的时候，需要充分浇水，浇透到水从盆底流出。雨后观察盆土潮湿情况，仅表面湿润的需要及时补充。

施肥：为长势迅速的三类重度修剪品种追肥，以均衡型生长肥为主。

病虫害预防：蚜虫开始蠢蠢欲动，蜗牛、蛞蝓苏醒。发现蚜虫和蜗牛、蛞蝓后及时灭杀。

除草：杂草的生长速度非常快，每周一次的拔草非常重要。

采购：适合在实体店采购长势良好的盆栽。

防风避雨：二类中度修剪品种花苞期注意防范阵风，避免长期淋雨。

Step 1
一类轻度修剪品种花期

一类轻度修剪品种以小花为主，花苞期只需要正常浇水。到3月底，常绿大洋组、蒙大拿组、长瓣组就陆续进入了花期。这三个组别都是毛细根，都需要冬季低温春化，但又各有特性。共性决定了它们对介质的需求都是更透气，种植地区需有明显的冬季。

铁线莲种荚

长瓣组根系

常绿大洋组根系

种植要素

I.种植环境

喜欢通风良好、半日照到全阳的生长环境。日照不足4小时则不利于生长和开花。

II.介质

在介质配比中，可以选择使用升级版配比，也就是泥炭6份，谷壳炭1份，鹿沼土2份，赤玉土1份。（鹿沼土可用桐生砂、颗粒硅藻土代替）

III.施肥

毛细根也决定了它们对肥料的耐受力较差，在种植过程中，不使用有机肥可以有效避免肥害引起的烂根和死亡。

IV.修剪

三个组别的品种，修剪方式也基本一致：1月修剪细弱枝条和枯叶；花后修剪残花，或者花后留种荚观赏美丽的果序。

三个组别的品种都不耐湿热，江浙及江浙以南地区气温超过30℃时选择避雨环境，能有效提高成活率。蒙大拿组对稳定环境的要求更高，淋雨但环境通风好，死亡率不会高；但如果是不通风的避雨环境，反而死亡率高。

VI.三个系列都需要冬季低温春化

冬季不分明的沿海地区（如福建、广东等）种植，基本早春老枝条不开花（长瓣组新枝条能开花）；浙江南部（如温州）有些品种也比较难开花，比如'春早知'和'苹果花'。此外，三个组品种的枝条生长旺季都集中在夏末和初秋，生长旺季避免换盆，合适的换盆季节是秋末11月至来年1月。

三个组别品种的差异在于它们的耐寒性。长瓣组是所有铁线莲品种中最耐寒的一个，在东北地区可地栽露天种植，盆栽则需要给盆土做防冻措施。常绿大洋组则是所有铁线莲品种中最不耐寒的一个，气温低于−10℃时要防护，老枝条冻伤则无花。常绿大洋组是一个比较矛盾的品种，太热不开花，太冷会冻伤。蒙大拿组是欧洲地区很普及的铁线莲，在气候合适的地区可以一棵长满整个墙面，开花壮观而震撼。蒙大拿组做盆栽也可以非常精致，2年内的苗用小盆小架子搭配密集的小花，无疑是极其美好的。蒙大拿组的耐寒性在铁线莲品种中算是很强的，基本可以排在长瓣组之后。

常绿大洋组常见品种

'苹果花'、'银币'（又名'乔'）、'雀斑'、'春早知'、'小精灵'、'皮特里'、'月亮豆'、'闪铃'等。

长瓣组常见品种

'粉红玛卡'（又名'千瓣粉'）、'塞西尔'、'蓝鸟'、'芭蕾裙'、'火烈鸟'、'紫蛛'、'斯托尔维克'、'梅德维尔'等。

'早知春'

'蓝鸟'

蒙大拿组常见品种

'布朗之星''粉玫瑰''巨星''绿眼睛''鲁宾斯''杰出'等。

'银币'

'绿眼睛'

花苞固定

Step 2
保护二类中度修剪品种的花苞

二类中度修剪品种花苞期的主要管理要素是固定和避风。花苞越长越大，特别是重瓣品种的花苞，最后一个个接近鹌鹑蛋的尺寸，重量和花量非常可观。现在就能很明显感受到冬季固定和牵引枝条的重要性了，老枝条和架子为花苞提供良好的支撑。没有固定好的枝条，需要及时固定，否则被早春频发的阵风吹后容易折伤，甚至折断。老枝条如果有折伤旧痕，持续阴雨后容易枯萎。盆栽的优势就体现出来了，在极端天气下，把花苞期的植株搬到避风或者避雨的场所能有效地预防枯萎病。

三类枝条牵引固定

Step 3
为三类重度修剪品种牵引固定新枝条

三类重度修剪的品种正在飞速生长，每2~3天为它们做一次固定和牵引非常重要，需要做造型的枝条也要及时固定。生长旺盛意味着需要施肥，每10天左右为它们施用一次氮磷钾均衡的液肥（速效肥）能有效促进枝条生长和花苞的形成。

Step 4
一类轻度修剪品种的花后修剪

一类轻度修剪的品种种荚花絮很美，不妨留一次欣赏。

如要修剪，只需要剪去残花就可以了。及早修剪残花可以促进新枝萌发。

早花品种赏花期
早花大花组品种种植要素

4月是二类早花大花的中度修剪品种最主要的花期，也是最美的花期。花开集中，花型花色标准。单瓣品种单朵花期约10天，重瓣品种单朵能开20天，不冷不热的天气为他们提供了良好的展示条件。花瓣凋谢后及时进行修剪有利于枝条再次萌发，从而带来第二个花期。

重瓣铁线莲从4月初的初开到4月底的盛放

早花大花组铁线莲开花

三类重度修剪品种从4月初的快速生长到4月底花苞出现

'粉香槟'是大花铁线莲中每年开得最早的品种之一

Step 1 **二类中度修剪品种花期**

Step 2 **三类重度修剪品种现蕾**

Step 3 **枯萎病预防与处置**

 **本月养护**

浇水：土面干燥的时候，需要充分浇水，浇透到水从盆底流出。雨后观察盆土潮湿情况，仅土面湿润的需要及时补充。避免发生缺水情况。

施肥：为长势迅速的三类重度修剪品种追肥，本月开始以高磷钾型开花肥为主，每10天浇灌一次。

病虫害预防：潜叶蝇登场，发现虫害立即喷药。在枯萎病高发期，需判断引起枯萎病的原因。

采购：花期采购移栽成活率略低，若采购了带花苗，建议花后或立秋前后进行修剪换盆。

防风避雨：二类中度修剪品种花苞期注意防范阵风，避免长期淋雨，不要频繁移动花盆。

Step 1
二类中度修剪品种花期

二类中度修剪品种花后残花修剪示意图

二类中度修剪的早花大花铁线莲品种丰富，颜色各异，花型有简约大方的，也有华丽繁复的，可以说，占据了铁线莲世界的半壁江山。它们的花期是每年的4—10月，早春老枝条集中开放，夏秋新枝条都有花。它们的生长高度也适中，既适合地栽，也非常适合盆栽，尤其是一些重瓣品种，盆栽效果非常棒。

花后修剪：花后修剪残花，保留绝大部分枝条，以利于复壮。修剪后萌发新枝条，及时将新枝条牵引固定，再次开花后，依然只需修剪残花。此外，枝条多有利于蒸发，在高温高湿的梅雨季不容易烂根。

种植要素

Ⅰ. 种植环境

喜欢通风良好、全阳到半日照的生长环境。日照不足4小时则不利于生长和开花。日照不足会导致枝条细弱，花开少，枯萎病更多发，还会影响花形和花色（花瓣少，颜色惨白）。

Ⅱ. 介质

在介质配比中，可以结合花盆的材质来选择使用介质配比章节（见p.15）中介绍的任何一种。

Ⅲ. 施肥

早花大花铁线莲比较容易发生肥害烂根现象，小苗期间不建议使用有机肥，大苗、壮苗可以在1月少量施用成品有机肥。建议使用缓释肥为主，秋季生长旺季每10天追一次生长型液肥（速效肥），促进枝条的萌发和粗壮。

Ⅳ. 修剪

1月进行中度修剪，花后及时修剪残花，7月底可以给大苗进行更新枝条的重度修剪。对于早花大花铁线莲来说，最重要的是健康的枝条，枝条健康则枯萎病少发，所以在修剪的时候要胆大，细弱和有折伤的枝条不要留。

Ⅴ. 避免春季大风和小苗持续淋雨

重瓣品种花苞重，在大风天容易折断或折伤，固定枝条并在极端天气注意防护能有效避免花期枯萎病。小苗，特别是个别比较难养的品种（如'恺撒''新紫玉'等），全年避免长期淋雨能有效提高成活率。

Ⅵ. 老枝条开重瓣、新枝条开单瓣的品种需要冬季低温春化

如'薇安''维罗尼的选择'等品种，冬季5℃以下气温天数不足30天的地区可能只会欣赏到单瓣花。

Ⅶ. 耐寒耐热

早花大花铁线莲耐寒性和耐热性都不错，但老枝条在气温低于−10℃时可能会冻伤，徐州以北地区可能需要一定的防护。江浙地区的梅雨季和高温天，铁线莲的枝条和叶子可能会枯萎，但7月底进行一次修剪后都能很快再次萌发。

'恺撒'（又名'皇帝'）、'约瑟芬'、'魔法喷泉'（又名'钻石'）、'琉璃'、'新紫玉'、'薇安'、'冰美人'。

'约瑟芬'　　　　　　　　　'恺撒'

Step 2
三类重度修剪品种现蕾

　　三类重度修剪的品种和佛罗里达组品种继续以每天十几厘米的速度生长，顶端开始可以看见花蕾。一般晚花大花组和南欧组生长到7～10节时可见腋芽花苞，之后继续生长7～10节可见顶端花苞。顶端花苞出现后生长高度基本定型。每一节腋芽下的花苞可以再次生长出第二级甚至第三级的花苞。

　　1根枝条7节腋芽花苞=1朵顶端花苞+7节×2朵/节=15朵

　　1根枝条7节腋芽花苞+二级花苞=1朵顶端花苞+7节×6朵/节=43朵

　　1根枝条7节腋芽花苞+二级花苞+三级花苞=1朵顶端花苞+7节×14朵/节=99朵

　　如果有10根枝条，且都开了三级花苞，那就有将近1000朵花了。

　　三类开花多，对阳光和养分的需求也更大。4月每10天追加一次高磷钾液肥，有利于促进花开和枝条的生长。

二类中度修剪品种花苞

三类重度修剪品种花苞

Step 3
枯萎病预防与处置

枯萎病是铁线莲种植有史以来的一个难题，并且到目前为止也没有药物可以治疗，以至于很多花友提"枯萎病"色变，甚至于将铁线莲拒之门外。虽然没有治疗方案，但预防措施还是有的。

枯萎病多发在春季，尤其是三四月份。风雨交加、晴雨相间、温度大起大落的时候，枝条一夜之间枯萎是每位种过铁线莲的花友都体会过的痛。实际上，一般大苗发生枯萎病死亡率很低，小苗枝条少的情况下发生枯萎病后死亡率极高。

枯萎病

枯萎病病灶

需要强调的是，枯萎不一定是枯萎病。导致枯萎病的元凶是一种茎点霉属的真菌（*Phoma clematidina*）。真菌在枝条受到损伤后入侵，阻碍枝条的养分供给，从而导致枝条萎蔫、叶片下垂等直接症状，甚至使植株受损。只有在枝条有枯萎病灶点时才能断定植株患上了枯萎病。由烂根和虫害引起的枯萎不是枯萎病。

预防与处置

1. 检查枝条

大风吹过后枝条的折伤、牵引枝条造成的折伤，以及蜗牛、蛞蝓的咬伤，都会导致枝条枯萎。这些伤痕在雨水和暴晒的作用下，也易变成枯萎病的病灶。风吹过的折伤、牵引枝条的折伤一般会让植株局部枝条某一段枯萎，蜗牛、蛞蝓的咬伤一般会造成植株某根枝条整根枯萎。及时固定枝条，或者在暴风雨天气对植株进行适当防护，能有效避免大风带来的机械伤害。使用软体动物专杀药物来预防蜗牛和蛞蝓的入侵也很重要。

2. 剪掉枯萎的枝条

只需要剪去枯萎部分的枝条，没有发生枯萎的部分不需要修剪。枯萎病只会影响枝条，不会影响根系，健康的植株很快就能继续萌发新枝条，完好的枝条会继续生长开花。没有必要给盆土或者枝条喷洒杀菌药物，如果有蜗牛、蛞蝓则一定要使用专杀药物处理。

枯萎枝条经过处理后，如果植株持续发生以根茎结合部位为灶点的枯萎，则基本可以判断不是枯萎病，而是烂根。（详见p.48的5月Step4）

早年有关铁线莲的书强调枝条深埋，认为深埋可以预防枯萎病，但在江浙等湿度较高的地区，深埋二类修剪的品种的枝条风险更大。枝条在高湿度的土壤中。极其容易受到病菌或虫子的侵害，导致枝条枯萎腐烂，表现出枯萎病的症状。所以，建议只将根系埋入土壤中。需要覆土催芽的，可以在干燥的秋季进行，到开春再将深埋部分的土壤挖开。

植株根茎结合部位无需深埋

铁线莲比较常见的病害还有白粉病、白绢病及根瘤

白粉病

多发于月季的病菌，偶尔也会在铁线莲植株上发现，其中德克萨斯组的铃铛铁线莲发生白粉病较多，其他品种基本少见。白粉病高发于春夏之交，过度潮湿不通风和过度使用肥料，会增加白粉病的发生概率。发生白粉病后可以用四氟醚唑、醚菌酯、代森锰锌、甲基托布津、丙森锌等杀菌药治疗。一般铁线莲不需要预防白粉病，如花园里月季较多，可以在对月季进行疾病预防的时候，给铁线莲同时喷药。

铁线莲根瘤

铁线莲根瘤形成的主要原因是介质中有根结线虫，这有别于豆科植物的根瘤的形成机理。根瘤形成后影响植株根系吸收水分和养分的能力，从而对铁线莲的生长活力造成较大影响，尤其是盆栽。发现铁线莲根瘤应马上对植株进行隔离处理，去除并抛弃所有原土，摘除根瘤，使用噻唑磷或碘酊（不推荐用高毒性的呋喃丹）稀释溶液浸泡根系和花盆15分钟以上，再用无肥料的介质重新栽种。不使用园土和未经有效处理的生肥（如养殖场直接出产的有机肥），能有效预防根结线虫，从而预防根瘤。米米种植铁线莲多年，只遇到花坛种植的一棵铁线莲有根瘤，使用泥炭和各种颗粒介质配比种植的铁线莲从未发现根瘤。

白绢病

又称菌核性根腐病。夏季高温高湿易发，6—9月均可能发生，其中以7—8月为症状凸显高峰期。主要表现是铁线莲整株枯萎，倒出介质后可以发现受害根茎表面有白色菌丝。如果发病严重，到后期病根表面或土壤内形成油菜籽似的圆形菌核。白绢病有高传染性，一旦发现，建议将花盆介质连同植株一起处理掉。虽然白绢病后果很严重，但其实很容易预防。白绢病只发于酸性介质，所以预防的首选是在介质中加入谷壳炭，让种植介质的pH（酸碱度）偏碱性。此外，松磷等有机物是白绢病的温床，如介质偏酸性又加入了未经充分发酵脱脂的松磷，在高温高湿的作用下，就很容易导致白绢病的爆发。使用加入了谷壳炭或者细颗粒竹炭的介质种植铁线莲，白绢病就基本绝缘了。此外，也可以使用五氯硝基苯预防，每年5月下旬到10月中旬，结合浇水撒药，每盆2～3g，15～20天用药一次。

5月

晚花品种赏花期
晚花大花组品种种植要素

5月，二类中度修剪的早花品种花期进入尾声，三类重度修剪的晚花品种和佛罗里达组品种开始登上舞台。晚花品种在园艺中的应用经常以震撼模式出现：一棵爬满2m多高花架，开几千朵花的铁线莲，在花园里是绝对的主角。它们可以地栽，也适合盆栽；适用于大花架，也适合拱门和墙面背景造型。

二类中度修剪品种

Step 1　　二类中度修剪品种花后修剪

Step 2　　通过扦插培育新的植株

Step 3　　三类重度修剪品种花期

Step 4　　发生全株枯萎后紧急处置

晚花品种进入花期

本月养护

浇水：土面干燥的时候，需要充分浇水，浇透到水从盆底流出。雨后观察盆土潮湿情况，仅土面湿润的需要及时补充。

施肥：为长势迅速的三类重度修剪品种追肥，以高磷钾型开花肥为主。德克萨斯组品种持续开花，定期浇灌高磷钾液肥。

病虫害预防：红蜘蛛和潜叶蝇成虫易发，发现虫害立即喷药。介质保湿或肥料太多容易引起烂根和白绢病。

采购：花期采购移栽成活率略低，不建议采购带花苗。

其他：全株枯萎一般是由烂根或白绢病引起的，立即为植株翻盆、修根换土能挽救。

Step 1

二类中度修剪品种花后修剪

花后修剪残花，保留绝大部分枝条，以利于复壮。修剪后萌发新枝条，及时将新枝条牵引固定，再次开花后，依然只需修剪残花。此外，枝条多有利于蒸发，在高温高湿的梅雨季不容易烂根。

修剪示意图　　　　修剪后萌发新枝条

Step 2

通过扦插培育新的植株

5月也是扦插二类中度修剪品种的最佳时机，结合花后修剪选取半木质化的枝条，扦插可以获得新的植株。其他品种均可在花后扦插。温度合适的条件下，半木质化的枝条全年均可用于扦插。

① 选取长5～7cm双节或单节枝条。
② 只留一侧叶片，其余叶片剪除。
③ 插入蛭石，顶端留1cm。
④ 放置在有阳光不淋雨的场所，并保持蛭石湿润。
⑤ 40天左右生根，可以移栽（使用小苗种植介质配比）。

Step 3　　三类重度修剪品种花期

进入5月，最热闹的铁线莲花期就来了。晚花大花组、全缘组、德克萨斯组、南欧组、晚花大花组矮生系列和佛罗里达组（即F组）……这些晚花的品种基本都集中在5月开放。

晚花品种中的晚花大花组、全缘组、德克萨斯组、南欧组和佛罗里达组杂交的单瓣品种，开花的特性基本一致，种植管理也是基本一致的。

种植要素

I.种植环境

喜欢通风良好，需要全天日照的生长环境。日照不足会导致植株生长缓慢，开花少，甚至不开花。

II.介质

晚花的这些品种都属于生长旺盛的类型，在介质配比的选择上，可以选用泥炭占比大的配比。这五个组别的品种根系都很发达，生长迅速，盆栽可以选用略大一些的花盆，花架也需要更高大一些（很多品种要长到1.2m以上才有花苞，所以花架需要1.5m以上，特别适合拱门和墙面）。

III.施肥

生长旺盛的春季3—5月和秋季9—11月，均可以每10天施用液肥（速效肥）一次；小苗和新苗液肥（速效肥）浓度和使用频率适当降低。盆栽花盆大于30cm的健康大苗1月的冬季施肥可以使用成品有机肥，此外还可以在9月追加一次缓释肥，如奥绿。

5月底花后及时修剪开过花的枝条，气候正常的话，45天后可以再次开花。如6月初修剪，7月下旬开第二次花；8月初修剪，9月下旬开第三次花。第三次花开完后，不需要进行枝条的修剪，等到1月进行重度修剪就可以了。小苗和新苗可以参照早花大花铁线莲的花后修剪方式，避免小苗过度开花消耗养分。

这五个组别的铁线莲耐寒性和耐热性都很好，我国的大部分地区都可以种植，并且极少发生枯萎病，是铁线莲中适应性强、管理简单的类别。

晚花大花组常见品种

‘阿拉那’‘蓝焰’‘蓝天使’‘卡洛琳’‘伯爵夫人’‘戴纽特’‘东方晨曲’‘里昂城’‘中提琴’‘维斯瓦河’‘紫云’等。

‘戴纽特’

全缘组常见品种

‘小白’‘阿柳’‘阿拉贝拉’‘蓝色河流’‘魅力’‘哈库里’‘哈洛卡尔’‘灵感’‘新亨德森’‘奥尔佳’‘粉色欣喜’‘如古’‘罗茜’‘舞姬’‘清流’‘幸福之鸟’‘蓝色男孩’‘杜兰’，以及‘汉德瑞特’（又名‘粉蝶’）等。

‘阿柳’

德克萨斯组常见品种

‘奥尔巴尼公爵夫人’‘格拉芙泰美女’‘米妮亚’‘戴安娜王妃’‘凯特公主’‘特雷弗劳伦斯爵士’，以及各种铃铛铁线莲（如‘斯嘉丽’‘樱桃唇’‘王梦’‘小紫吊’等）。

铃铛铁线莲

'丰富''奢侈白''前卫''好运''卡梅西塔''精灵''玫瑰之星''紫罗兰之星''汉娜''我是小美女''我很幸福''我是J女士''茱斯塔''红粉佳人''勇士舞''小奈尔''迈克莱特''小步舞''茱莉亚夫人''面纱''宝塔''佩兰的骄傲''波兰精神''波罗乃兹''查尔斯王子''典雅紫''皇家丝绒''妖精''索利纳''晴空''沃伦伯格',以及'腾特尔'（又名'志忑'）、'维尼莎'（又名'维罗莎'）。

'维尼莎（维罗莎）'

'开心果''乌托邦''最好的祝福''最美的回忆''蜥蜴''变色龙''市长''向阳''新世界微光''新世界倒影''新世界紫水晶丽人'，以及'响'（又名'交响乐'）。

'乌托邦'

Step 4
发生全株枯萎后紧急处置

烂根

5月长江以南地区温度和湿度双高，一场雨一场晴，铁线莲发生枯萎的概率加大，但5月枯萎有别于三四月份的局部枝条枯萎。5月表现更多的是全株枯萎，或枝条整根枯萎陆续出现。烂根导致的整株枯萎在修剪后不会再次发芽，或发芽后又频繁枯萎，这是烂根与枯萎病最本质的区别。

发生全株枯萎或枝条陆续枯萎的情况后，极可能是发生了烂根，需要马上处理。将植株挖出来，对腐烂的根系进行修剪，并用1：1000的高锰酸钾稀释液浸泡10分钟后阴干，换没有加肥料的介质重新种下，平时控水，每次浇水都兑1：1000的高锰酸钾稀释液，直到长势正常。

致烂根的常见原因有高温、高湿和肥害，使用透气的介质和避免过多的肥料能有效防止烂根。

高温高湿天气管理
佛罗里达组重瓣品种种植要素

每年6月，是梅雨气候地区的花友们最头痛的时候。经过长时间的高温、高湿，铁线莲的叶片变黑、腐烂，直至整株枯萎，而烂根也进入爆发期。

但6月也依然还是很多品种的花期，二类中度修剪品种零星开放，三类重度修剪品种及时修剪残花则可以持续生长新枝条继续开花。

晚花品种修剪后萌芽能开夏花

重瓣佛罗里达组开花

健壮的二类修剪品种的夏花也很标准——'戴安娜的喜悦'

Step 1　**高温高湿天气的管理建议**

Step 2　**一类和二类修剪的品种萌发新枝，及时牵引固定**

Step 3　**佛罗里达组重瓣品种种植要素**

Step 4　**北方地区盆栽铁线莲的建议**

本月养护

浇水：土面干燥的时候，需要充分浇水，浇透到水从盆底流出。雨后观察盆土潮湿情况，仅土面湿润的需要及时补充水分。

施肥：高温高湿天气谨慎施肥，长势旺盛的德克萨斯组和全缘组可以继续使用高磷钾型肥料。

病虫害预防：蓟马多发，发现虫害立即喷药。介质保湿或肥料太多容易引起烂根和白绢病。

采购：不建议采购，如采购盆栽，建议度夏后移栽。

其他：全株枯萎一般是由烂根或白绢病引起的，立即为植株翻盆、修根换土便能挽救。

Step 1
高温高湿天气的管理建议

1. 新苗、小苗和一些特殊品种避雨

上一年秋冬和当年新植的苗都算新苗、小苗，个别长势较缓慢的品种（如'恺撒''新紫玉''小美人鱼'），以及所有佛罗里达组重瓣品种，尽量避雨。室外屋檐下是避雨最佳的场所。如果没有能避雨的室外场所，可以选择24小时开窗的阳台或者阳光房。如果都没有，只能选择室外撑伞或者直接淋雨了。通风比避雨更重要。也就是说，室内的其他区域都不适合做梅雨季节的避雨场所。

2. 介质透气、不深埋枝条以及不施肥可以有效避免烂根

高温高湿的6月是对盆栽使用介质的一次检验。介质透气性好，植株根系能得到新鲜的氧气，梅雨季就很安全。深埋枝条在冬季可以促笋芽萌发，但在梅雨季的确会增加土壤中枝条发生枯萎的概率。所以需要在早春将深埋的介质从根部移除，确保底部枝条干燥、透气。高温高湿天气施肥，也极其容易形成肥害，所以要避免施肥。

3. 及时修剪枯萎或变黑的叶片

有病虫害的叶片耐雨和耐晒能力都会大幅度降低，基本上都会在6月完成生命周期；健康的叶片一般从叶片边缘开始发黄老化。叶片发生枯萎或变黑后一定要及时修剪摘除，否则会粘连在枝条上，感染枝条，引起枯萎病病灶。修剪叶片可以随时进行，不需要等晴天。

Step 2
一类和二类修剪的品种萌发新枝，及时牵引固定

一类轻度修剪和二类中度修剪的早花品种，修剪残花后，经过一段时间的修整和恢复，都会继续萌发新枝条。新枝条生长迅速，需要及时牵引和固定。

如修剪残花后植株生长进入停滞状态（保持一个状态超过一个月不长），建议在7月底进行重度修剪以刺激植株生长。

滞长，我的理解是植物的自我修护和保护。在开完春季的繁花后（特别是以'恺撒'为典型代表的重瓣二类修剪品种），消耗了植株大部分的养分，植株需要一个自行修复和复壮的过程。在长江以南的大部分地区如果花后修剪马上换盆换土，那么比较难以度过高温高湿的五六月份。长江以北（特别是温湿度较低的北方地区）春季花后马上换盆换土是不错的选择。不同的地区在管理的细节上有一些差异。

及时牵引新枝条

Step 3
佛罗里达组重瓣品种种植要素

'恭子小姐'

佛罗里达组重瓣品种是铁线莲中比较特殊的一个群组，它们耐热耐晒也耐阴，生长旺盛，新枝条春秋开花、花量巨大，单朵花期长，修剪方式多样，深受花友喜爱。'小绿''幻紫'等部分品种开花性更优秀，温度合适则无限制生长，持续出花苞，一根枝条20个开花节也非常常见。

花后修剪：重瓣类的佛罗里达组，在江浙等夏季高温天数多、日夜温差小的地区修剪残花，持续超过30℃高温后进入枯叶夏季休眠；四川、贵州等夏季高温短、日夜温差大的地区进行中度到重度修剪（留3~7节枝条），会继续萌发枝条，夏季休眠不明显。

种植要素

I. 种植环境

通风良好，半日照以上且避雨的环境特别适合它们生长。在所有铁线莲品种中算是最耐阴的一类，但每天少于2小时的日照会导致植株生长缓慢。避雨可以大幅度提高它们的成活率，特别是每年的5—8月。结合起来说就是，朝南或者朝东的屋檐下，特别适合它们生长。露天场所种植难度也并没有预想中那么大，在通风日照良好的环境中均能健康成长。

II. 介质和花盆花架

需要比较透气的介质，较一般品种更容易患枯萎病和烂根。很适合盆栽，枝条柔韧性好，容易牵引造型。可以搭配1m以上的任何形状的架子。

III. 施肥

不耐肥，避免使用有机肥，每年秋冬季节施用一次缓释肥，如美国魔肥。生长旺盛的春季3—5月和秋季9—11月，均可以每10天施用液肥（速效肥）一次；小苗和新苗液肥（速效肥）浓度和使用频率适当降低。持续下雨和高温天气避免施肥，发生枯萎后停止施肥。

IV. 修剪

佛罗里达组的所有品种，不管是单瓣还是重瓣，冬季修剪可以提前到12月进行，修剪的方式是轻度、中度和重度都可以。原则是以盆和花架为标准，大盆大架子轻度修剪或者中度修剪，小盆小架子中度修剪（花盆小，可供给植株的水分和养分有限，如果留太多枝条容易造成植株负担过重，导致花开的质量不高）。给一个小架子，重度修剪后可以做一个花球的造型；给一面墙体，轻度修剪后可以攀缘出一面花墙。夏季高温休眠苏醒前的修剪也可以参照冬季进行，在8月底按需求选择轻度、中度还是重度。

V. 耐寒耐热

重瓣佛罗里达组品种冬季在江浙地区可能不会枯叶，但叶片会转为红褐色或者墨绿色带斑点的样子。气温低于−5℃会冻伤叶片，但不影响存活。气温低于−8℃时要对老枝条进行适当的防护，但老枝条冻伤无碍，春季还是会从植株底部萌发新枝条的。耐热性也比较强，热死的情况是比较少发生的，但高温天会进入枯叶休眠状态。进入高温休眠后，避免长期淋雨。在气候温和的地区，如云南、四川等地区基本全年都不休眠，每一次花后进行中度或者重度修剪都能在45天左右后再次开花。

佛罗里达组重瓣常见品种

'小绿'、'幻紫'、'新幻紫'（又名'千层雪'）、'卡西斯'、'恭子小姐'、'紫子丸'、'大河'等。其中'大河'作为佛罗里达组重瓣的新秀，有更优良的基因，夏季休眠不明显，花后及时修剪则可以在春季、夏季和秋季开花。

'小绿'花墙

Step 4
北方地区盆栽铁线莲的建议

北方，尤其是以北京为代表的华北地区，有着铁线莲种植的极佳气候和地理环境。冬季低温有利于花芽分化，更容易得到标准花型花色；没有高温高湿的梅雨天，成活率更高且生长的周期更长。常见的铁线莲种类在北方都可以种植。根据家庭种植环境的日照和空间，选择不同的品种进行盆栽或地栽，都是非常合适的。

地栽时，长瓣组、蒙大拿组、晚花大花组、全缘组、南欧组、德克萨斯组都可以在-15℃的天气露天过冬；早花大花组和晚花大花组矮生系列在-15℃基本安全，但需要做好防风措施（如为老枝条覆盖稻草，或使用简易暖棚）。盆栽时上述类别需要提高5℃。

常绿大洋组和卷须组需要在-5℃以上的阳光房过冬；佛罗里达组可以选择在-10℃以上的露天或阳光房过冬，在15℃以上的阳光房中甚至能持续开花。

介质使用上，可以降低颗粒介质的占比，提高泥炭或腐叶土的占比。

'拉芙蕾女伯爵'　　图/北京花友海螺姐姐

'吉赛尔'　　图/北京花友海螺姐姐

盆器的使用上，健壮大苗使用大盆（直径超过30cm）更有利于室外过冬，小苗小盆则在有防护的环境过冬。

从北京、河南、河北等华北地区花友铁线莲的种植情况来看，这些地区种植铁线莲比华东和华中地区要轻松很多，铁线莲的表现也会好很多。

东北地区种植铁线莲能室外过冬的品种不太多，长瓣组是其中一个大类，只要花盆够大或者地栽就可以。其他品种在东北地区需要一个保持-5℃的环境。有阳光的阳台最完美，但背阴和有散射光的阳台也同样合适。如阳光房有供暖，保持在15℃以上，老枝条开花的品种会因得不到足够的低温，影响花芽的分化。东北地区阳光房里种植佛罗里达组是非常好的选择。北方室内过冬需要注意的是，依然需要给铁线莲浇水，并注意预防病虫害（高温干燥易发红蜘蛛）。

7月

度夏最有效的措施
德克萨斯组和铃铛铁线莲品种种植要素

高温下的铁线莲

江浙地区的黄梅天一般6月底7月初结束，随即迎来一年里最热的两个月。7月铁线莲管理的主要任务是浇水。缺水和涝，对铁线莲来说都很致命，所以学会科学地浇水是度夏的第一要务。

本月养护

Step 1   **安全度夏的有效措施**

Step 2   **月末为度夏后的盆栽进行修剪**

Step 3   **德克萨斯组和铃铛铁线莲种植要素**

浇水：土面干燥的时候，需要充分浇水，浇透到水从盆底流出；陶盆可能需要每天浇水一两次，塑料盆可能2～3天浇水一次。不要用简单的每天浇水一次的方式进行。

施肥：停止施肥。

病虫害预防：蓟马、红蜘蛛、白粉病多发，发现病虫害立即喷药。

采购：不建议采购。

修剪：需要更新枝条的植株进行重度修剪，不需要更新枝条的植株进行中度或者轻度修剪。华北地区可以在7月上旬进行，华东和华中地区7月下旬，华南地区则推迟到8月底前完成度夏后的修剪。

Step 1
安全度夏的有效措施

科学浇水

铁线莲的浇水原则：冬季（12月至翌年3月）采用干湿交替（即土面以下3cm干燥的时候，需要充分浇水，浇透到水从盆底流出）；其他季节采用见干见湿（即土面干燥的时候，需要充分浇水，浇透到水从盆底流出）。浇则浇透，浇透的概念就是至少盆底有水流出。长期积水或者太涝（高温高湿）尤其容易引起烂根。缺水对铁线莲是致命的，气候比较干燥的时候，如早春和秋季，陶盆每天浇水，塑料盆可以两三天浇一次；空气湿度很大的时候，如黄梅天和持续阴雨不浇水；冬季低温一周浇水一次；夏季高温，每天早晚各查看盆栽介质情况，及时补充水分。此外，植株越旺盛水分蒸发会越快，浇水一定要先判断再进行，避免"不管介质干不干，一根水管浇到底"的浇水模式。

'钻石'

不要为根部覆盖遮阳物质或者种植护盆草

"脚需阴凉，头顶阳光"是铁线莲种植中经常提到的一句话。米米的理解是根系需要透气，枝叶需要阳光。盆栽表面如果覆盖遮阳物质或者种植护盆草，极容易导致介质散热变慢（高温天就让根系处于高湿高温的环境），最终造成根系腐烂。此外，护盆草会争夺介质中的营养和水分，还为病菌害虫提供生存场所。

护盆草

为特殊品种遮阴

如常绿组、长瓣组、进入休眠的佛罗里达组和卷须组，以及所有品种的小苗，置于半日照不淋雨的环境是度夏最有效的措施。处于气温长期超过35℃的环境有必要为盆栽进行遮阴处理（遮阴后水分蒸发会变慢，浇水频次要根据实际情况进行调整），保证通风良好的半日照环境最适合度夏。实际上只要通风良好、科学浇水，遮阴和暴晒都是可以的。米米家这么多年从来没有为健壮的大苗们拉过遮阳网，特殊品种的小苗在半日照的屋檐下过夏就好了。

朝东或者东南的位置最适合度夏，而朝西则不适合。夏季下午的日照，温度要远高于上午，朝东或东南日照在上午，朝西日照在下午。夏季的西晒对植物是不利的。

Step 2
月末为度夏后的盆栽进行修剪

　　进入7月，春季萌发的枝条和叶片进入自然老化期，尤其是有病虫害的叶片，经过高温高湿的5月和6月后，基本都枯了。

　　每年的7月底8月初（江浙地区7月20日至8月10日）是进行铁线莲夏季修剪的最佳时间段。夏季修剪的目的在于为二类中度修剪的铁线莲进行枝条更新，以及为三类重度修剪的铁线莲促发秋花。修剪后浇水的工作量也会减少。

　　修剪选择在晴天进行，7月底昼夜温差开始变大，经过修剪的铁线莲一般1~3周就会发芽。（计划在11月分株的铁线莲，不要进行夏季修剪。）

　　北方地区可以将夏季修剪提早到7月初，或在5月的花后就进行更新枝条的修剪。

重度修剪2个月后的　　　重度修剪2个月后的
'粉香槟'　　　　　　　'恺撒'

二类中度修剪的铁线莲（早花大花组品种）

　　健康的枝条对老枝条开花的早花大花组品种来说，是花量的基础。盆栽和地栽相比，盆栽可以为植株提供的水分和养分都更有限，所以培育高质量的枝条非常重要。

　　超过3年的大苗，在经过梅雨季和高温天后如果发生枝条损伤比较多、枝条细弱、枝条老化活力不足的现象，就有必要进行枝条的更新修剪。也就是说中小苗、枝条健康的大苗，都不需要更新修剪。采取从植株底部剪去整根细弱枝条，粗壮枝条留下3节的重度修剪模式来进行夏季的修剪。

三类重度修剪的铁线莲和佛罗里达组

　　这些系列都是容易复花的品种，大苗经过夏季重度修剪后，可以萌发整齐而健康的新枝条，这样在国庆节前后可以观赏到高质量的秋花会。同样的，中小苗不建议夏季重度修剪。

　　夏季修剪的同时，也是铁线莲换盆的好时机。枝条修剪后，换盆、换架子都很便捷。这时候可以采用冬季相对应的方式进行换盆，带土、打土、打土修根都可以，唯一的区别在于选择打土换盆的时候不要加入肥料：即夏末打土修根后不建议加入肥料，冬季打土修根后可以加缓释肥。

重度修剪2个月后的'索利纳'　　　重度修剪2个月后的'新幻紫'

德克萨斯组和铃铛铁线莲种植要素

相对于长瓣的飘逸、常绿的清新、大花铁的惊艳和晚花铁的繁华，德克萨斯组和铃铛铁线莲大概算得上是铁线莲大家庭里的萌妹子了吧！郁金香形和铃铛形小花精致玲珑，尤其是钟形的铃铛铁线莲挂在枝条上好像一颗颗樱桃、一粒粒宝石，是会随着微风摇摆的小铃铛。德克萨斯组和铃铛铁线莲是所有铁线莲品种中种植难度系数最小的系列之一。它们几乎不会患上枯萎病，也很少烂根，非常耐晒，半阴到全日照的环境中都能从春末到秋季都能花开不断。它们很适合盆栽，也适合两广等高温地区，对于无法种植大型藤本和两广的花友来说，堪称福音。

种植要素

I. 种植环境

喜欢通风良好，需要全天日照的生长环境，半日照种植影响花量。德克萨斯组和铃铛铁线莲的耐热性比较好，耐寒性一般，气温在−10℃时需要对盆土进行防护。

II. 介质和花盆花架

晚花的这些品种都属于生长旺盛的类型，在介质配比的选择上，可以用任何一个版本的介质配比，其中以加入爱丽思颗粒土的更佳。德克萨斯组和铃铛铁线莲从春季到秋季均生长迅速，花盆和花架可以根据喜好进行选择，部分品种高大（如'国王的梦'），大部分品种枝条很短就有花开，花架选择1～2m高的即可。

III. 施肥

生长旺盛的早春3月到深秋的11月，均可以每10天施用磷钾含量高的花卉型液肥（速效肥）一次；七八月温度高于35℃的时候停止施肥即可；小苗和新苗液肥（速效肥）浓度及使用频率适当降低。健康大苗1月的冬季施肥可以使用美国魔肥或者少量成品有机肥，此外还可以在9月追加一次缓释肥，如奥绿。

IV. 修剪

以重度修剪为主，花后、夏末、冬季都可以用重度修剪方式进行修剪。冬季会自然枯萎，在1月底将枯萎的枝条进行修剪，为保险起见可以留土表以上5cm左右高的枝条。花期以修剪残花为主，如需要重新整形可以进行修剪，每次修剪留3节左右即可。

V. 病虫害防治

德克萨斯组和铃铛铁线莲病虫害较一般品种多发，尤其以潜叶蝇成虫叮咬的针眼为多，通风不畅还有可能发生白粉病。建议生长季节每2周喷一次预防药物（如护花神、阿维菌素、蚍虫啉，傍晚使用）。白粉病的预防主要是通风，一旦发生，及时治疗。

铃铛铁线莲常见品种

'樱桃唇''斯嘉丽''帕斯卡''国王的梦''克里斯巴天使''胭脂扣''妙福''珊瑚珠'。

德克萨斯组常见品种

'凯特公主''戴安娜王妃'。

'斯嘉丽'

'樱桃唇'

夏季修剪后的管理
晚花大花组矮生系列种植要素

8月初继续完成7月底没完成的修剪和换盆工作，铁线莲在修剪后一个月内迎来了每年的第二个生长旺季。这个时候枝条的生长速度比早春更快，是为铁线莲做造型的最佳时间。尤其是二类中度修剪的品种，一次成型固定的枝条发生枯萎病的概率会大大降低。若是将枝条从花架上拆下来再进行第二次牵引，则容易发生折伤，从而带来枯萎病隐患。

铃铛铁线莲夏季开花图

旺盛生长图

Step 1 为经过夏季修剪的植株做好新枝条的牵引和固定

Step 2 铁线莲花架选择

Step 3 为即将苏醒的佛罗里达组重瓣品种进行修剪

Step 4 打破僵苗的小技巧

Step 5 晚花大花组矮生系列种植要素

本月养护

浇水：土面干燥的时候，需要充分浇水，浇透到水从盆底流出；进行了夏季修剪的盆栽浇水频率会大幅降低，忌涝。

施肥：温度低于33℃可以给长势旺盛的三类重度修剪品种施肥，以高磷钾液肥（速效肥）为主。

病虫害预防：飞蛾、蝴蝶类幼虫多发，发现病虫害立即喷药。

采购：适合采购盆栽，立即进行修剪换盆移栽。

其他：二类中度修剪的品种新枝条出花苞可以掐掉，促进更多枝条的萌发有利于来年春季开更多花。

Step 1
为经过夏季修剪的植株做好
新枝条的牵引和固定

　　7月底修剪的植株一般1~2周会发芽。8月阳光充足，温差日渐加大，非常有利于枝条的生长。此时的生长速度可以媲美早春3月。

　　二类中度修剪品种：在新枝生长的过程中及时做好牵引和固定，有利于枝条的完整，第二年的春花会更健康。若枝条自由生长，则需要在冬季将枝条做大规模的重新固定；重新牵引固定容易折损枝条。所以在生长过程中及时牵引固定非常有必要。

　　三类重度修剪品种：三类重度修剪的秋花是非常集中而美观的，一般修剪后40~50天绽放。如江浙地区7月底修剪则9月中旬盛开，为控制国庆期间开花可以选择在8月中旬修剪。（修剪越迟需要的开花时间会越长，需要充分考虑各地的气候情况）

Step 2
铁线莲花架选择

　　好马配好鞍，花架对盆栽铁线莲来说，至关重要。盆栽可选用高度1.5m左右的塔形花架、拱门或防腐木网格，地栽可以选用2m左右的塔形或单片式花架。塔形花架对应螺旋式枝条缠绕牵引，拱门只需要将枝条均匀固定在支架上，网格类的花架则更适合使用扇形牵引和固定。

扇形牵引

塔形"S"形牵引

网格"S"形牵引

塔形笔直牵引

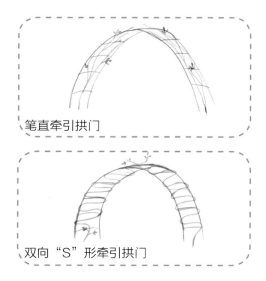

笔直牵引拱门

双向"S"形牵引拱门

Step 3
为即将苏醒的佛罗里达组重瓣品种进行修剪

　　佛罗里达组重瓣品种在夏季气温持续超过30℃时会枯叶，进入休眠状态。不论是否进入休眠状态，8月为它们修剪一次非常有必要，因为修剪有利于老枝条更新和新枝条萌发。建议中度或者重度修剪。

'乌托邦'

Step 4
打破僵苗的小技巧

什么是僵苗？

　　铁线莲小苗或者新植苗在种植后温度达到15℃以上1个月内都会开始生长，如果种植后温度适宜，但2个月内均无生长迹象（叶片一直呈绿色），即可视为僵苗。植株生长过程中遇到管理不善或天气原因，枝条顶端生长点消失，生长停止，也可视为僵苗。因气候原因（冬季低于5℃、夏季高温超过35℃）铁线莲生长滞缓属于正常情况，不属于僵苗。

僵苗示例图

剪去一节

打破僵苗

　　因夏季高温或管理不善（如浇水不及时）产生的滞长，可以通过修剪顶端一两节苗刺激植株萌发新芽，打破僵苗状态。或使用生长激素（如施奇能量源）喷植株全身一次，也可以很快打破僵苗。

　　因冬季低温产生的生长滞缓（或休眠）会随着春季的来临而苏醒。

Step 5
晚花大花组矮生系列种植要素

晚花大花组矮生系列是最近几年兴起的一个新系列，它们成株枝条不超过1.5m，个别品种甚至只有60cm，极其适合盆栽。春季新老枝条都开花，不少品种老枝条能开半重瓣，新枝条都有二级、三级花苞，很容易开成一个花球。若说缺点，大概就是"不够高"吧！耐寒性和耐热性都很好，少发枯萎病，易萌笋芽，在管理上也属于很省力的品种。

种植要素

I.种植环境

喜欢通风良好，需要全天日照的生长环境，半日照种植影响花量。耐热，冬季不分明的福建、广东沿海地区和北方平均气温不低于-10℃的地区都可以露天种植。

II.介质和花盆

在介质配比的选择上，可以用任何一个版本的介质配比。花盆的选择不局限于瘦长型的花盆，可以选择矮胖型，甚至是吊篮。一般配以60cm左右高的花架就可以，将枝条下半截做好固定后，上半截枝条可以自然垂挂，造型优美。

III.施肥

对肥料比较敏感，不建议使用有机肥。生长旺盛的季节可以每10天施用磷钾含量高的花卉型液肥（速效肥）一次；小苗和新苗液肥（速效肥）浓度和使用频率适当降低。健康大苗1月的冬季施肥可以使用美国魔肥，此外还可以在9月追加一次缓释肥，如奥绿。

IV.修剪

1月可以选择中度修剪或重度修剪，选择的原则主要看老枝条是否粗壮健康，粗壮健康则中度修剪，老枝条细弱则重度修剪。很多晚花大花组矮生系列品种冬季中度修剪的老枝条，春季很可能会开半重瓣花。春季花后以修剪残花为主，7月底进行夏季修剪，大部分品种能重复开花。个别品种秋花比较少，如'啤酒'。

晚花大花组矮生系列常见品种

'欧拉拉'（又名'哦啦啦'）、'巴黎风情'、'塞尚'、'故里'（又名'掐丝''美高'）、'啤酒'、'皮卡迪'、'弗勒里'、'阿比林'、'玛利亚乔'等。

'啤酒'

'安格利亚''皮卡迪''塞尚'

9月 为下一年培育新的枝条

看似最清闲的9月，是决定来年春季花开的一个极其重要的时间段。在江浙地区，一年里最为风调雨顺的季节毫无疑问是每年的9—11月。阳光充足、空气流通性好、介质干湿循环快，生长旺盛的铁线莲在这个季节迎来了第二个春天。

铁线莲'哈洛卡尔'

铁线莲'戴纽特'

Step 1 秋季追肥，培育粗壮枝条

Step 2 为生长旺盛的铁线莲做枝条牵引固定

Step 3 常绿卷须组铁线莲夏季休眠苏醒前的管理

Step 4 铁线莲日常的浇水管理

本月养护

浇水：土面干燥的时候，需要充分浇水，浇透到水从盆底流出。进行了夏季修剪的盆栽浇水频率应大幅降低，忌涝。

施肥：9月中旬给盆栽加一次缓释肥，以均衡性肥料为主，如奥绿、美乐棵颗粒缓释肥。温度低于33℃可以给长势旺盛的三类重度修剪品种施肥，以高磷钾液肥（速效肥）为主。

病虫害预防：飞蛾、蝴蝶类幼虫多发，发现病虫害立即喷药。

采购：适合采购盆栽，立即进行修剪换盆移栽。

修剪：开秋花的铁线莲进行轻度修剪，剪除残花即可。为苏醒的常绿卷须组铁线莲进行轻度修剪，剪除枯叶和细弱枝条。

其他：二类中度修剪的品种新枝条上的花苞可以掐掉，会促进更多枝条的萌发，有利于明年春季开更多花。

Step 1
秋季追肥，培育粗壮枝条

细弱枝条易枯萎，抗病和抗极端天气的能力都大不如粗壮枝条。对于春季老枝条开花的轻度修剪和中度修剪品种来说，粗壮健康的枝条是基础。

如何获得更多有效的粗壮枝条呢？

首先，需要正确的种植方式，即充足的阳光、通风的环境、透气的介质和正确的修剪。

其次，需要在适合的季节采购种植。秋冬采购的新植苗，经过冬季休眠后春季发芽枝条更粗壮。

最后，需要一定的生长时间。小苗、新苗当年发的枝条会更细弱，过完冬季后则会萌发更粗壮的枝条。

秋冬季和夏末新苗采购后，进行重度修剪移栽和定植，萌发粗壮枝条的概率很大。

日照少、通风不良、介质透气性差，枝条会细弱。春季花后马上进行重度修剪获得的枝条也比较细弱。在每年的4—6月种植的新苗，萌发的枝条基本也是细弱的。

如何让小苗萌发更多有效的粗壮枝条？

二类中度修剪和三类重度修剪的品种，小苗、新苗到家的第一个冬季进行重度修剪，可以在第二年春季获得更多有效的粗壮枝条，第三年春季就进入繁花的爆发期了。二类中度修剪品种第一个冬季进行重度修剪会损失第二年的春花，但从长远考虑，这种方式还是非常值得的。

Step 2
为生长旺盛的铁线莲做枝条牵引固定

夏末初秋是所有品种的铁线莲快速生长的季节，生长旺盛的新枝条需要及时做好牵引和固定，既有利于秋花的美观，又有利于老枝条开花的品种来年造型的确定。新萌发的枝条柔韧度高于老枝条，在生长过程中做牵引能有效避免枝条的折伤、折断。

盆栽品种牵引小技巧

操作方法

利用两头带弯钩的铁丝，将枝条拉低，顺着一定弧度在花架外围盘旋而上，最终达到枝条分布均匀、盆栽花朵紧凑的目标。

注意事项

新枝条长到10~20cm长时开始牵引，在枝条能承受的压力下缓慢拉低；弯钩的铁丝可长可短；随着生长随时进行；花架高大则枝条分布间距大，花架矮小则枝条分布紧凑些，按实际需要进行。

1 用弯钩拉低枝条。　**2** 1周后枝条向上生长。　**3** 用双头带钩的铁丝及时牵引。　**4** 生长过程中随时牵引。

Step 3
常绿卷须组铁线莲夏季休眠苏醒前的管理

常绿卷须组铁线莲一般夏季高温超过35℃进入枯叶休眠状态，在每年温度回落、温差加大的9月逐渐苏醒。这是常绿卷须组铁线莲进行修剪和换盆的最佳时间。修剪的原则是剪除枯叶和细弱枝条，保留粗壮健康枝条。换盆则需要保留原土，带土换盆。

换盆中　　　　　　　　　　　　　　换盆前　　　　　　　　　　换盆后

Step 4
铁线莲日常的浇水管理

浇水是很多新手特别困扰的一件事。

如何科学地浇水，是种植任何植物都需要掌握的一门必修课。浇水有几种模式：干透浇透、干湿交替、见干见湿、季节性控水、季节性断水。铁线莲采用的浇水方式是春夏秋见干见湿和冬季干湿交替。干透浇透、季节性控水、季节性断水的浇水模式不适合铁线莲。此外，自来水、雨水、井水、河水，都是可以直接用来浇灌铁线莲的。

> **干透浇透**
>
> 干透浇透是指等盆土完全干透了再浇水，要浇到盆底有少量水渗出。干透浇透一般适用于耐旱怕涝的花卉，比如芦荟、虎尾兰、龙舌兰，以及许多多肉植物，等等。不适合肉质根的铁线莲。

见干见湿

　　指浇水时一次浇透，等到介质表层干透时再浇第二次水。它的作用是防止浇水过多导致的烂根和潮湿引起的病虫害。适合春、夏、秋三季铁线莲的浇水管理。

　　见湿，意思是指浇水要浇透，即浇到盆底排水孔有水渗出且介质内部充分吸收水分为止，不能浇"半截水"（即上湿下干），不能浇"空心水"（即外湿内干），因为一盆生长旺盛的植物的根系大多集中于盆底，浇"半截水""空心水"实际上等于没浇水。

　　见干，意思是指浇过一次水后等到表土发白，表层及内部介质水分消逝后，再浇第二次水，不能等盆土全部干了很久才浇水。一般的方法是把手指伸进介质表层3cm感受干了，或者用手指弹击花盆发出清脆的声音（陶制或瓷制花盆）再浇。如果内部是湿的就不宜连续浇水，因为那样容易造成介质下部积水，严重的导致烂根。

干湿交替

　　干湿交替介于干透浇透和见干见湿之间，一般是在盆土基本上全干但还有一丝潮气（约为土面以下3cm干燥），没有完全干透的情况下浇水。这种方法的优点在于：植物既不会因土壤长期潮湿导致呼吸不畅而烂根，也不会因长期干旱而萎蔫。适合冬季休眠期间铁线莲的浇水管理。

　　铁线莲肉质根喜湿润，不耐干旱也不耐涝，生长旺盛的季节（春、夏、秋）要按见干见湿的原则浇水，介质表层发白时就浇水，做到盆土不可长时间过干或过湿，保持"润"即可。采用见干见湿方法浇水，既满足了铁线莲生长所需要的水分，又保证根部呼吸作用所需要的氧气，有利于植物健壮生长。进入冬季休眠后，铁线莲对水分的需求会下降，长期潮湿容易导致烂根，所以"干湿交替"适合冬季休眠期间铁线莲的浇水管理。

铁线莲常见的 7 种错误的浇水方式

错误1

　　不断浇水，致使根部缺氧腐烂。此原因其实是对植物溺爱过度，生怕长不好，甚至怕干坏、干死了，因而经常不断地浇水，结果使植株根部空隙中充满水分，缺少空气，影响根部呼吸，最后导致根系烂掉而植株枯死。

错误2

　　浇"半截水"，根部吸水不够。浇水时犹如蜻蜓点水，看见上面土一干就给点，虽然也常浇水，但其实是浇了"半截水"，结果就是泥土经常是上湿下干，表面土湿，里面土干，实际上植株根部根本吃不到多少水。遇到高温天水分蒸发迅速，植株缺水严重，极易造成死亡。

错误3

　　浇"空心水"，吸水不均匀。对"干盆"浇水时，看见盆底一出水就认为已经浇透，这样会使盆内泥土周边湿，中间干，形成"空洞"，长此以往，花木根部并没有均匀地吸收到多少水分，对于需水多的花木或炎热的夏季来说，植物就危险了。种植介质泥炭占比大、高温干燥的天气下，浇水需要延长时间，或采用间隔半小时浇第二次水的方式进行，确保花盆内外浇透。

根系腐烂

半截水

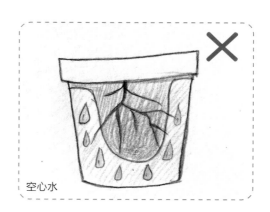

空心水

错误4

　　"旱涝不均"。日常养护全随个人兴致，忘记浇水的时候长期不浇水，想到要浇水的时候不断地浇水，这样植株不是干坏就是因太湿而烂根。

错误5

　　"定时定量"，教条式浇水。新手对浇水很困惑的时候，大多会采用几天浇水一次的方式来管理植物，比如夏季每天一次，冬季每周一次，甚至严格到每次浇水多少毫升。这样的方式导致的结果与错误4、错误5基本是一样的。浇水必须是"按需哺乳"，忌"按时哺乳"，结合植株的生态习性、气候变化、花盆大小、植株情况，以及放置地点，来决定当天是否需要浇水。

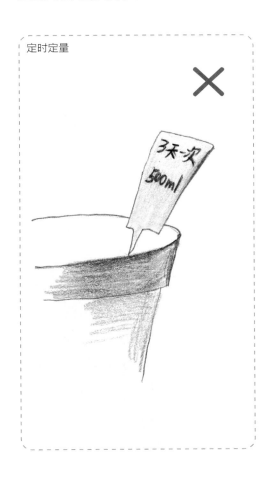

定时定量

错误6

　　"一视同仁"，同时浇水。不考虑植株的生态习性、气候变化、花盆大小、植株情况，以及放置地点（光照强、弱，通风好、差等），所有植株定期全部浇水，一律平等对待，像"例行公事"一样标准。实际上，给不同的植株浇水，必须根据自然的客观条件和植株的客观需要，区别对待。

一视同仁

错误7

　　托盘蓄水。托盘蓄水在一定程度上可以延长植物浇水的频次，但长期蓄水容易导致植株根系呼吸不畅而烂根。花盆架高，保证植株花盆上下通气的方式更有利于铁线莲根系生长。

托盘蓄水

10月

开始采购新品
常绿卷须组品种种植要素

　　日夜温差更明显，忙过八九月后，主要的工作都告一段落。常绿卷须组铁线莲和一些原生铁线莲到了花期。忙碌的铁线莲种植却进入一年中最轻松的时期，同时一年里最佳的购买期也开始了。

常绿卷须组铁线莲'铃儿响叮当'

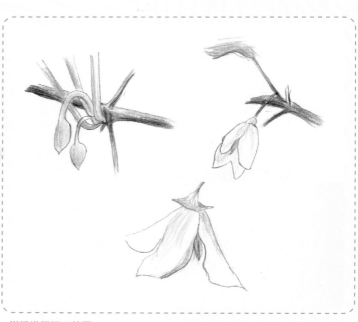

常绿卷须组开花图

本月养护

Step 1　**采购扦插小苗**

Step 2　**常绿卷须组铁线莲花期**

Step 3　**开花的植株修剪残花**

　　浇水：土面干燥的时候，需要充分浇水，浇透到水从盆底流出。进行了夏季修剪的盆栽浇水频率应大幅降低，忌涝。

　　施肥：铁线莲老叶开始进入自然老化阶段，对肥料的需求减少，停止使用液肥（速效肥）。9月未施用缓释肥的可以在10月追加。

　　病虫害预防：可能有蚜虫、蓟马、青虫，发现病虫害立即喷药。

　　采购：适合采购盆栽，立即进行修剪换盆移栽。

　　修剪：开秋花的铁线莲进行轻度修剪，剪除残花即可。

　　其他：二类中度修剪的品种新枝条出的花苞可以掐掉，会促进更多枝条的萌发，有利于明年春季开更多花。

Step 1
采购扦插小苗

10月开始，国内繁育商们会陆续推出当年扦插的小苗，一般以P7、P9规格为主。

所有规格的铁线莲，采购到家后，建议立刻换盆，原因有二。

一是出苗圃的合格苗基本都是根系已经长满花盆，换大盆有利于其持续健康地生长。

二是部分纯泥炭种植的苗需要换土，纯泥炭在很多地区容易产生"干透浇不透、浇透干不透"的情况，或者苗圃配方土与家庭配方土差异大的时候，都需要去掉部分原土进行换盆。

10月采购的小苗，在第二年会进入快速生长阶段。这时候采购的大苗基本上第二年都会进入较繁盛的花期。

每种规格的对比照

Step 2
常绿卷须组铁线莲花期

常绿卷须组铁线莲（一类轻度修剪）是近年推出的一个新品系列，主要特点是秋冬季开花，小花，花型为垂吊钟形，颜色以奶白色、粉色晕染为主。

种植要素

I.种植环境

喜欢通风良好、全阳或半日照的生长环境，不耐淋雨。夏季休眠期间需要通风的半日照避雨环境。

II.介质

与其他一类轻度修剪的铁线莲类似，常绿卷须组也是毛细根，在介质配比中，可以选择使用升级版配比，也就是泥炭6份，谷壳炭1份，鹿沼土（鹿沼土可用桐生砂、颗粒硅藻土代替）2份，赤玉土1份。

III.施肥

毛细根也决定了它们对肥料的耐受力较差，在种植过程中，不使用有机肥可以有效避免肥害引起的烂根和死亡。秋季休眠苏醒后，9月至次年3月可以使用液肥（速效肥），每半个月一次；11月施用缓释肥魔肥一次。

IV. 修剪

花期随时修剪残花，可以有效促进新的花蕾形成，它们的花序很飘逸美观，若不修剪残花亦可。每年6月底开始黄叶，进入为期2~3个月的枯叶休眠期，休眠后可以将枯叶进行修剪。8月底9月初修剪细弱枝条，等待苏醒，迎接花期。

V. 耐寒耐热

常绿卷须组铁线莲的耐寒性和耐热性都比较差。冬季如果能保持15℃以上的温度，可以持续开花；低于5℃停止开花，低于0℃停止生长，低于-5℃会冻伤。夏季高温超过35℃进入休眠，温度回落到28℃以下苏醒。休眠期见干见湿继续浇水，忌长期淋雨。

VI. 其他

生长迅速，在北方的阳光房，福建、广东等沿海地区，以及云南、贵州地区等温和气候环境下都适合栽种。此外，常绿卷须组铁线莲最佳的扦插时间是11月。

常绿卷须组常见品种

'铃儿响叮当' '雀斑' '日枝' 等。

'铃儿响叮当'

Step 3
开花的植株修剪残花

'万岁波兰人'（秋花）

7月底8月初进行了修剪的铁线莲，在9月底10月初进入秋花集中开放状态。秋花落下帷幕后也需要进行一次集中修剪。相比春季的修剪，秋季花后的修剪更为简单。中度修剪的二类品种仅需剪除残花。能重度修剪的品种可以选择修剪残花或完全不修剪，等冬季再统一修剪。

每年9—11月，是全国大部分地区日照充足、温差大、大多数铁线莲生长迅速的时间段。适当的施肥对植株的健壮有非常积极的作用。一般每10天左右，可以为生长迅速的植株施用一次液肥，以氮含量较高的通用型肥料为主。

11月

休眠前的养护
应对严寒

　　11月的秋风已经带着寒意，一场秋雨一场寒。卷须铁线莲正是花期，佛罗里达组还在零星地开着花，常绿品种进入生长滞缓期。而二类中度修剪和三类重度修剪大部分品种的叶片从边缘向中心开始变黄，逐渐进入休眠状态。

叶片逐渐变黄

Step 1　　**为过冬做准备**

Step 2　　**压条繁殖法**

Step 3　　**华南地区种植铁线莲的技巧**

本月养护

　　浇水：盆土表层3cm干燥的时候，需要充分浇水，浇透到水从盆底流出。

　　施肥：生长期的常绿卷须组铁线莲，每半个月施用液肥（速效肥）一次，其他品种不需要施肥。

　　病虫害预防：温度降低后病虫害减少，基本不用杀虫杀菌。

　　采购：适合任何形式的植株。

　　修剪：开花的铁线莲（常绿卷须组和佛罗里达组）剪除残花即可。任何品种不要提前进行冬季修剪。

　　其他：大部分品种叶片变黄，边缘开始向叶片中心枯萎。

Step 1
为过冬做准备

　　大部分铁线莲的耐寒性都很好，在华东、华中地区基本都可以露天过冬，华北地区进入11月就会有0℃以下的低温，11月也可以为过冬做一些工作。

为植株盆土覆盖介质

　　针对本年冬季不需要换盆或者换土的植株，可以在11月进行表层换土、冬季追肥，以及同步进行盆栽覆土。铁线莲的根系露出盆土，在11月初为盆栽覆土有非常积极的作用。

　　一是可以提高植株的耐寒性，保护根系在低温环境中不被冻伤。

　　二是可以促进植株萌发笋芽，在江浙等潮湿地区不建议深埋枝条，但在11月初可以为植株覆盖一层3~5cm的介质，促进笋芽的形成和分化，到来年2月底再将覆盖的介质移除，正好覆盖住根系即可。

　　三是可以同时采用压条的方式得到更多的小苗（详见Step2）。介质表面杂草难以根除，可以通过表层更换新介质来缓解，更换表层介质的同时也可以提前完成冬季追肥。（需要换盆或换土的植株建议在12月中旬之后进行）

表土杂草

挖去表土

添加长效肥　　覆盖新土

华北地区为老枝条进行防护

　　冬季低温持续低于−10℃的地区，需要为老枝条开花的早花大花品种进行枝条保护，把枝条盘在一起缠绕在根部，用防寒材料覆盖，或者用绿布等连架子缠绕，防止寒风吹干枝条。常绿大洋组和卷须组耐寒性较差，需要在−5℃以上的环境中过冬，若搬入阳光房，建议为常绿大洋组保持10℃以下低温，否则可能导致花芽分化无法形成，春季不开花。所有类别的铁线莲小苗，耐寒性都比大苗差，−3℃以上的环境更安全。阳光充足的阳光房内，可以在冬季看到佛罗里达组和常绿卷须组开花哦！

华东、华中地区过冬零压力

华东、华中地区最低温低于－10℃极少，健康的大苗露天过冬就好。冬季的低温和阳光对老枝条开花品种的花芽分化非常关键。弱苗和小苗注意气温低于－5℃时避寒。

华南地区的冬季，是铁线莲的花期。每年11月至次年的2月，广东地区的铁线莲次第开放。由于华南地区冬季温度不够低，低温时间持续不够长，需要低温促进花芽分化的品种都很少有好的表现，比如长瓣、常绿、蒙大拿，以及早花大花品种。但大部分的晚花品种都适合在华南地区栽种，其中以德克萨斯组、佛罗里达组、常绿卷须组和全缘组最为合适，晚花大花组和南欧组也可以有不错的表现。

Step 2
压条繁殖法

压条是植物无性繁殖常用的一种方式，也是铁线莲繁殖中较为安全的一种方式。

压条的目的主要是为了得到新的植株。盆栽铁线莲种植到5年后容易进入衰退期，通过压条可以在短时间内获得较大的新植株。

压条的时间选择在夏末到秋季（9—11月）。这个时候枝条成熟度高，温度适宜，雨水少，生根快。到来年2月即可得到根系发达且带笋芽的新苗。（春季雨水多，枝条在介质中易腐烂；夏季温度高，不利生根。）

首先，选择健康的成熟枝条（表皮黄褐色）。选择需要压条的植株的一根或若干枝条，以粗壮的枝条为佳。剪除叶柄和顶端细弱部分，留取健壮枝条。

其次，将枝条沿着盆边放置，使用U形小插件将枝条固定在介质中，确保枝条充分接触介质。

最后，保持介质湿度，表土略干就需要浇水，防止缺水。日常浇水注意保持介质，如枝条被冲刷露出土表，需要及时进行补充覆盖。

第二年2月，结合冬季换盆和修剪工作，将新换的植株与母体剥离即可。

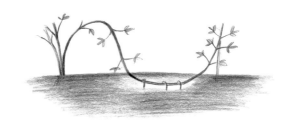

压条步骤二

本月提到的压条是铁线莲繁殖的方式之一，铁线莲还有扦插和播种两种繁殖方式。扦插可以获得和母本一样的基因，且繁殖量大而迅速，是园艺种植中常用的繁殖方式。播种是获得新品的方式，经过杂交优选后可以得到更多颜色、更丰富花型、更优异的开花性能的新品种。

压条步骤一

Step 3
华南地区种植铁线莲的技巧

　　华南地区包括福建沿海、广东、广西、云南南部等地区，这些地区冬季最冷月份平均气温基本大于10℃。缺乏足够和持续的低温，对铁线莲的花芽分化会有不利影响，造成老枝条开花的品种不开花、花开得少或者花形花色不标准。

'戴纽特'

图/广州花友风飞

'新幻紫'

图/广州花友风飞

在华南地区种植铁线莲需要注意的几个方面

1.选择品种

　　三类重度修剪的品种和所有佛罗里达组铁线莲在华南地区都可以很健康地生长。每年11月至次年3月是华南地区铁线莲的主要的花期，在其他季节这些品种也能零星开放。其中全缘组和德克萨斯组属于最耐热和耐修剪的类型，在华南地区4—9月都可以有不错的表现。

2.适当施肥

　　华南地区气温高、湿度大，铁线莲种植建议使用复合肥（避免盆栽使用有机肥），可以有效防止肥害引起的烂根和白绢病。生长旺盛的品种，生长季节可以持续使用液肥浇灌，以促进枝条萌发和开花。

3.积极修剪

　　每一轮花开完后及时进行残花修剪，残花修剪后植株复壮一个月再进行枝条重度修剪（三类重度修剪品种和佛罗里达组铁线莲都适合重度修剪），这样下一轮花会更美观。尤其是每年9月底10月初的修剪，对11月至翌年3月的花期非常重要。

12月

为种植多年的品种换盆、分株

进入休眠枯叶期的铁线莲

12月，长江流域正式入冬，随着冬至的来临，忙碌而又最重要的冬季管理开启了。这个月我们可以开始为盆栽的铁线莲进行换盆、分株，佛罗里达组和德克萨斯组的铁线莲也可以提前进入修剪期。

Step 1　检查根系生长情况，换盆

Step 2　追施冬肥

Step 3　为多年盆栽分株

Step 4　种植裸根苗的最佳季节

进入休眠枯叶期的铁线莲

本月养护

浇水：盆土表层3cm干燥的时候，需要充分浇水，浇透到水从盆底流出。

施肥：生长期的常绿卷须组铁线莲，每半个月施用液肥（速效肥）一次，其他品种不需要施肥。

病虫害预防：温度降低后病虫害减少，基本不用杀虫、杀菌。

采购：适合任何形式的植株。

修剪：蒙大拿组和长瓣组铁线莲叶片基本全部枯萎，可以开始进行冬季修剪，剪除枯叶和细弱枝条。全缘组和德克萨斯组铁线莲土表以上部分基本全部枯萎，可以进行重度修剪。

Step 1
检查根系生长情况，换盆

　　检查盆土表面和盆底根系生长情况。当盆表面已被根系覆盖，或根系从排水口长出很多，就是需要换盆的一个信号。另外一个需要换盆的信号是植株上一年生长正常，但本年生长滞缓，通过换土换盆可以刺激植株恢复活力。

　　12月是给铁线莲换盆换土的好时候。低温有利于根系生长，选择带土换盆或者打土换盆都是合适的。

'翡翠之梦'

换盆方式 1
带土

　　适合小号花盆换到大号花盆，并且原介质配比与新介质配比基本接近的植株。

带土换盆不伤枝条的小窍门
　　保留原有花架，在原有花架外面再套用一个更大号的花架。

换盆方式 3
打土修根

　　适合花盆大小不变，但植株根系已经长满花盆，打土修根可以很好地恢复植株的活力。根系长满花盆后，生长空间受限，若不能换更大的花盆，就需要进行修根或者更彻底分株模式（分株详见p.76）。如果多年不进行换盆或者修根，植株会在二三年后进入衰退期，甚至烂根死亡。去掉原土团2/3左右的土壤，将根系梳理，修剪过长的根系，并剪掉过于密集的根系，重新栽种。

换盆方式 2
打土

　　适合原介质配比与新介质配比差异比较大的植株，一般选择去掉原土团一半左右的土壤再换到更大的花盆。

Step 2
追施冬肥

完成修剪和换盆的同时，给铁线莲来一次大追肥，也是冬季重要的任务。

肥料的选择和使用对盆栽铁线莲来说尤为重要。虽然在江浙等潮湿多雨、夏季高温的地区，不建议给盆栽使用有机肥，但冬季可以给超过30cm花盆的健康植株少量使用成品有机肥。其他品种一般在冬季使用缓释肥。缓释肥中的美国魔肥非常适合毛茛科的植物，释放周期可以达到一年，磷钾元素含量高有利于促花，含镁元素有利于增强植株抗病性。奥绿缓释肥也很适合盆栽，尤其适合小苗。

对于不需要换盆或者换土的盆栽来说，施肥可以采用去除表层3cm左右的介质，换上加入肥料的新介质的方式来进行。配合11月的覆土，建议将这一细节提前到11月进行。

'大河'

Step 3
为多年盆栽分株

铁线莲盆栽的最大难题在于花盆不能无限制地放大。

经过多年的观察，花盆直径在30cm左右的花盆，种植3龄苗植株在前两年能有极佳的表现，但到了第三年就会进入衰退期。花盆越小，能有最佳表现的时间会越短，一般需要每年换一次更大的花盆。花盆到40cm以上，再往更大型号花盆换盆，带来的直接问题就是客观环境的空间被限制了。米米家不换盆种得最久的是一棵'玛格丽特·亨特'（三类晚花大花组品种），2012年2月购入的P14规格2年苗，直接种在30cm×50cm的圆形大红陶盆里，至今依然健壮。但使用26cm×29cm的花盆种植的品种，2年未换盆则多数发生滞长，严重的直接烂根，慢慢死亡。在不能无限制放大花盆的时候，分株就成了必不可少的方式。分株除了可以解决花盆尺寸的问题，也是获得更多植株的一种方

'美好的回忆'

式，更是让植株恢复活力的釜底抽薪的办法。

选择在12月进行分株的主要原因有两个：一是进入冬季后种植打土植株成活率高；二是这个时候大部分植株已经形成笋芽，按照笋芽的生长位置来分株，可以确保每棵新的植株都有生长点。

1 将植株进行重度修剪，留取 1 ~ 3 节老枝条。重度修剪的目的是提高成活率。

2 在盆土表层3cm干透的时候，从盆中取出植株。盆土偏干时切割根系不容易被细菌感染。

3 轻柔梳理盘结的根系，检查是否有根瘤，轻柔地去除介质。太长的根系可以进行修剪，根系不超过30cm更容易重新栽种。有根瘤的植株需要摘除根瘤，浸泡杀虫剂（详见p.44"铁线莲根瘤"）。

4 沿着根茎结合部位的笋芽进行切割。确保每个新的植株有10条以上健康根系和1~2个生长芽点，芽点越多当然越好。新植株根系太少，后续需要的复壮时间可能要两年以上。

分株后的新植株也是裸根苗了，按照裸根苗的种植方式栽种就可以了。分株后的第一年是植株重新复壮的关键期，以养壮枝条、养壮根系为第一要务；第二年开始就会进入生长旺盛期了。（参照p.30的1月step4）

Step 4
种植裸根苗的最佳季节

‘钻石’

在铁线莲新苗的规格中，有一种被称作"裸根"。

裸，意味着没有"遮盖物"。裸根，就是裸露着的根。裸根的最大优势是便于长途运输和价格低廉，大量的批发进口苗都是以裸根形式进入我国，既便于长途运输的存储，又便于进口植物的检验检疫。裸根的第二个优势是线上购买节约快递成本，将介质去除后邮寄更便捷。

种植裸根铁线莲的注意事项

1.新手避免购买裸根1年苗

这类苗更适合苗圃。在大棚的稳定环境下，这些裸根苗成功率会比家庭种植高很多。建议购买2年裸根苗。

2.湿热地区避免在每年的4—6月购买裸根苗

江浙地区每年4—6月湿度大、温度高，裸根苗种植成功率远远低于冬季。建议每年秋末到早春期间购买裸根苗。

3.避免直接裸根苗地栽

裸根苗采用盆栽，有利于为植株提供稳定的环境，在极端天气得到更良好的保护，成活率也可以得到提高。

4.避免裸根苗过度使用肥料

铁线莲根系对肥料的耐受力本就不强，在裸根苗进入稳定生长状态之前，过度使用肥料极其容易引起烂根。建议种植3个月后，植株生长状态明显之时再进行追肥。

5.耐心等候2年

裸根苗的生长规律是第一年养活，第二年养壮，第三年爆发。为了灿烂的那一天，耐心等待，切忌拔苗助长。

Appreciation of varieties

第三章

经典铁线莲
品种赏析

'春早知' *C.* 'Early Sensation'

所属群组：常绿大洋组

高度：2~3 m

花型花径：小花单瓣，5~8cm

花色：浅绿色、白色

花期：3—4月

修剪方式：一类轻度修剪

光照要求：全阳至半阴

品种特征：英国品种。丰花，花色多变，从初开的浅绿色到纯白色渐变。叶片开裂明显，四季常绿，可耐−5℃的低温，气温低于−10℃时需要防护，老枝条冻伤则无花。花期可持续数周。

种植建议

　　适合盆栽或吊盆栽种，亦适合搭配篱笆栽种或做棒棒糖造型。盆栽时可种在露台或阳台边缘，让枝条像瀑布一样自然下垂，先观叶后赏花。

'银币' *C.* 'Joe'

所属群组：常绿大洋组

高度：1.5~2m

花型花径：单瓣小花，3cm

花色：白色

花期：3—4月

修剪方式：一类轻度修剪

光照要求：全阳至半阴

品种特征：英国品种。株型紧凑，花量大，春化对低温的需求较宽松，可耐−3℃的低温，气温低于−5℃时需要防护。早春纯白色小花覆盖全株。

种植建议

　　很理想的盆栽植物，也可用于覆盖低矮墙体。

'苹果花' C. 'Apple Blossom'

所属群组：常绿大洋组

高度：4.5~7.5m

花型花径：单瓣小花，4~6cm

花色：淡粉色

花期：3—4月

修剪方式：一类轻度修剪

光照要求：全阳至半阴

品种特征：生长强势，花开后期有香味。喜温暖向阳避风的环境和肥沃排水好的土壤，可以忍受−12℃的低温环境。

种植建议
　　成株适合地栽，特别适合点缀篱笆或矮墙。也可推荐用于冬季花园，与落叶植物搭配种植，填补冬季花园绿色凋零的缺憾。很理想的盆栽植物，也可用于覆盖低矮墙体。

'翡翠之梦' C. 'Emerald Dream'

所属群组：常绿大洋组

高度：0.2~0.4m

花型花径：单瓣小花，2~3cm

花色：白色

花期：3—4月

修剪方式：一类轻度修剪

光照要求：全阳至半阴

品种特征：英国品种。矮生是它最大的特点。早春开花，叶片裂叶状，叶肉厚实，叶面油亮。即使在不开花的季节，也可以作为观叶植物。耐−10℃的低温，淮河以南可以露地越冬。

种植建议
　　极其适合盆栽。

'喝彩' *C.* 'Ovation'

所属群组：常绿大洋组

高度：0.2~0.4m

花型花径：单瓣小花，2~3cm

花色：白色

花期：3—4月

修剪方式：一类轻度修剪

光照要求：全阳至半阴

品种特征：英国品种。矮生是它最大的特点，像迷你株型的'春早知'。早春开花，叶片裂叶状，叶肉厚实，叶面油亮。即使在不开花的季节，也可以作为观叶植物。耐−10℃的低温，淮河以南可以露地越冬。

种植建议
极其适合盆栽。

'蓝鸟' *C.* 'Blue Bird'

所属群组：长瓣组

高度：2.5~3m

花型花径：下垂铃铛形半重瓣小花，4~6cm

花色：蓝紫色

花期：3—4月老枝条集中开花，7—8月新枝条零星开花

修剪方式：一类轻度修剪

光照要求：全阳至半阴

品种特征：1962年在加拿大杂交成功。耐阴。极耐低温，黑龙江可露天栽种。早花品种，花漂亮，大而下垂，半重瓣，薰衣草蓝色，种子团成丝质的漂亮小球。随后渐变为灰色毛球。适应性强，可以在半遮阴环境下生长。

种植建议
适合盆栽，成株也可地栽。特别适合北方地区；华中、华东地区种植要注意在高温高湿天气避免淋雨；华南地区不能完成春化，不建议种植。

'塞西尔' *C.* 'Cecile'

所属群组：长瓣组

高度：2~3m

花型花径：下垂铃铛形半重瓣小花，4~6cm

花色：蓝紫色

花期：3—4月老枝条集中开花，7—8月新枝条零星开花

修剪方式：一类轻度修剪

光照要求：全阳至半阴

品种特征：英国品种。较耐阴，极耐低温，黑龙江可露天栽种。早花品种，花漂亮，花大半垂，重瓣程度高，深邃的蓝色，种子团成丝质的漂亮小球。适应性强，可以在半遮阴环境下生长。

种植建议

　　适合盆栽，成株也可地栽，是篱笆、墙体、老树桩、小灌木的理想装饰。特别适合北方地区；华中、华东地区种植要注意在高温高湿天气避免淋雨；华南地区不能完成春化，不建议种植。

'铃儿响叮当' *C.* 'Jingle Bells'

所属群组：常绿卷须组

高度：3~5m

花型花径：小花，4~6cm

花色：奶白色

花期：9月至翌年2月

修剪方式：一类轻度修剪

光照要求：全阳到半阴

品种特征：冬日铁线莲，老枝条开花，高温夏季枯叶休眠（在欧洲估计夏季不休眠），9月苏醒后花芽与枝条同时萌发。秋冬早春生长旺盛，枝条柔软，适合各种造型，温度合适的条件下可以持续开花到早春。较不耐寒，气温低于−5℃时建议阳光房过冬。

种植建议

　　适合全日照到半阴环境，阳光房的窗边也非常合适。夏季休眠期间半阴环境最合适。适合盆栽。

'巨星' *C.* 'Giant Star'

所属群组：蒙大拿组

高度：5～10 m

花型花径：单瓣小花，4～6cm

花色：粉色

花期：4—5月

修剪方式：一类轻度修剪

光照要求：全阳至半阴

品种特征：花瓣4枚，花药金黄色，蒙大拿组里花型较大的一个品种，花苞可爱，单朵花期长。

> **种植建议**
>
> 不耐高温高湿。华北地区可盆栽可地栽；华中、华东地区更适合盆栽；华南地区不能完成春化，不建议种植。

'绿眼睛' *C.* 'Green Eyes'

所属群组：蒙大拿组

高度：3～5m

花型花径：重瓣小花，3～5cm

花色：白色偏绿色

花期：4—5月

修剪方式：一类轻度修剪

光照要求：全阳至半阴

品种特征：花色从初开的偏绿色到后期的偏白色，重瓣，雄蕊黄绿色，蒙大拿组里较少见的重瓣型品种。

> **种植建议**
>
> 更适合盆栽，不耐高温高湿。华南地区不能完成春化，不建议种植。

'粉香槟' *C.* 'Pink Champagne Kakio'

所属群组：早花大花组

高度：2～3m

花型花径：单瓣中型，12～16cm

花色：深粉色

花期：3—4月老枝条集中开花，8—9月新枝条零星开花

修剪方式：二类中度修剪

光照要求：全阳至半阴

品种特征：日本品种。花大，亮粉红色，花瓣中部有浅色条带，雄蕊黄色。每年春季总是最早绽放，和常绿大洋组同时开放。不喜欢非常热、阳光很强烈的地方。

种植建议

　　适宜种在半阴的位置。可种植于棚架、凉亭、格架等花园支撑物旁，也可攀爬于自然支撑物如小乔木、针叶树或灌木上。极适宜种植于小庭院，或在阳台或露台上用大容器栽植。

'恺撒'（又名'皇帝'） *C.* 'Kaiser'

所属群组：早花大花组

高度：1.5～2m

花型花径：重瓣大花，12～15cm

花色：深粉色

花期：4—5月老枝条集中开花，8—10月新枝条零星开花

修剪方式：二类中度修剪

光照要求：全阳至半阴

品种特征：日本品种。花大，里层针瓣萼片状，有时丝状，故有"针瓣"与"宽瓣"两种花型。同一植株两种花型可能同时存在，也可能多年保持一种花型。

种植建议

　　适合在小花园种植和盆栽，日照充足则生长旺盛，日照不足或长期阴雨，花色会受影响，颜色偏绿色或粉白色。花后及时修剪，并在夏季给开过大量春花的植株进行枝条更新，能有效减少枯萎和死亡的发生。

'约瑟芬' *C.* 'Josephine'

所属群组：早花大花组

高度：1.5~2m

花型花径：重瓣大花，12~15cm

花色：深粉色

花期：4—5月老枝条集中开花，8—10月新枝条花量可观

修剪方式：二类中度修剪

光照要求：全阳至半阴

品种特征：英国品种，埃维森专利系列早期品种，未编号。株型紧凑，花朵为漂亮的重瓣花，粉色花瓣中部为深粉色的条带。花期长，新枝条花量大，夏秋都可观花。

> **种植建议**
>
> 　　适合在小花园种植和盆栽，日照充足则生长旺盛。早春花苞形成后日照不足或长期阴雨，花色会受影响，颜色偏绿色或粉白色。

'白王冠' *C.* 'Hakaookan'

所属群组：早花大花组

高度：1.5~2m

花型花径：单瓣，偶有半重瓣，大花，12~15cm

花色：蓝紫色

花期：4—5月老枝条集中开花，8—10月新枝条零星开花

修剪方式：二类中度修剪

光照要求：全阳至半阴

品种特征：日本培育的一个著名品种。花大，深蓝紫色，雄蕊比其他品种长，奶油黄色。新枝条夏秋均能开出较完美的花。

> **种植建议**
>
> 　　株型紧凑，适合盆栽。

'美佐世' *C.* 'Misayo'

所属群组：早花大花组

高度：1.5～2m

花型花径：单瓣大花，12～15cm

花色：浅蓝紫色

花期：4—5月老枝条集中开花，8—10月新枝条零星开花

修剪方式：二类中度修剪

光照要求：全阳至半阴

品种特征：日本品种。生长迅速，开花密集，非常优秀的品种。浅蓝紫色，中部带较宽的白色条带，边缘波浪状，花药紫红色。新枝条夏秋均能开出较完美的花。

种植建议

适合花园种植和盆栽，日照充足则生长旺盛。

'波旁王朝' *C.* 'Bourbon'

所属群组：早花大花组

高度：1.5～2m

花型花径：单瓣大花，12～15cm

花色：红色

花期：4—5月老枝条集中开花，8—10月新枝条零星开花

修剪方式：二类中度修剪

光照要求：全阳至半阴

品种特征：英国埃维森专利品种中最高大的品种之一。生长迅速，节间较长，春季老枝条开花需要生长约5节枝条。花朵为漂亮的深红色，花瓣中间有明亮条纹，黄色雄蕊，对比强烈，明艳大方。

种植建议

适合花园种植和盆栽，日照充足则生长旺盛。

'斯丽' *C.* 'Thyrislund'

所属群组：早花大花组

高度：2.5~3m

花型花径：重瓣、半重瓣、单瓣，中型花，10~12cm

花色：浅蓝紫色

花期：4—5月老枝条开重瓣、半重瓣或单瓣，8—10月新枝条开单瓣

修剪方式：二类中度修剪

光照要求：全阳至半阴

品种特征：十分独特的品种，开出重瓣、半重瓣和单瓣三种花型。花型花径约12cm，冬季春化低温够、时间长则花瓣会更多，有波浪形褶皱，浅丁香紫色，中线颜色更浅。花药黄色，花丝奶油色，为非常柔和的一个品种。

种植建议

　　适合盆栽。也适合种植于花架、立柱或其他花园支撑物。可以攀缘在天然支撑物上，比如落叶、针叶灌木或不需要重度修剪的小型灌木。

'魔法喷泉' *C.* 'Magic Fountain'

所属群组：早花大花组

高度：2.0~2.5m

花型花径：重瓣大花，12~15cm

花色：蓝紫色、紫红色

花期：4—5月老枝条集中开花，8—10月新枝条花量可观

修剪方式：二类中度修剪

光照要求：全阳至半阴

品种特征：日本品种，'水晶喷泉'变种。蓝紫色到紫红色中等大小完全重瓣花，完美继承了上代旺盛的长势，强健耐热。花色随温度有所变化，早春温度低偏蓝，温度高则偏红。瓣化程度也与花芽分化有关。

种植建议

　　株型紧凑，开花密集，适合盆栽。植株强健，长势迅速，也适合拱门和墙面造型。

'春姬' *C.* 'Haruhime'

所属群组：早花大花组

高度：2.0~2.5m

花型花径：重瓣中花，10~12cm

花色：粉红色

花期：4—5月老枝条集中开花，8—10月新枝条零星开花

修剪方式：二类中度修剪

光照要求：全阳至半阴

品种特征：日本品种。粉色全重瓣，非常迷人。日照不足时开花偏绿色，小苗弱苗及花芽分化低温不足时开花重瓣程度略低。

种植建议

株型紧凑，长势较慢，适合盆栽。

'钻石'（直译'迪亚曼蒂纳'）*C.* 'Diamantina'

所属群组：早花大花组

高度：2.0~2.5m

花型花径：重瓣大花，12~15cm

花色：蓝紫色、粉紫色

花期：4—5月老枝条集中开花，8—10月新枝条花量可观

修剪方式：二类中度修剪

光照要求：全阳至半阴

品种特征：英国埃维森专利品种，与'魔法喷泉'极其接近，疑似同一品种，由不同育苗家培植选育并命名。株型紧凑，花量丰沛，花朵为漂亮的重瓣花，春季颜色偏粉，蓝紫色到粉紫色渐变。因为完全重瓣，单花可开放约4周，所以花期较长。新枝条开花也比较密集，是非常优秀的品种。

种植建议

适合盆栽，成株也可地栽。特别适合北方地区；华中、华东地区种植要注意在高温高湿天气避免淋雨；华南地区不能完成春化，不建议种植。

'仁井田' *C.* 'Niida'

所属群组：早花大花组

高度：2.0～2.5m

花型花径：单瓣大花，12～15cm

花色：深粉偏玫红色

花期：4—5月老枝条集中开花，8—10月新枝条零星开花

修剪方式：二类中度修剪

光照要求：全阳至半阴

品种特征：日本品种。长势一般，色彩艳丽，阳光下有金属光泽。早春花开密集，非常容易成为花园里的焦点。

种植建议
　　株型紧凑，开花密集，适合盆栽。

'晴山' *C.* 'Haruyama'

所属群组：早花大花组

高度：2.5～3m

花型花径：单瓣大花，12～15cm

花色：白色

花期：4—5月老枝条集中开花，8—10月新枝条零星开花

修剪方式：二类中度修剪

光照要求：全阳至半阴

品种特征：日本品种。花瓣有明显肋痕，搭配对比强烈的红棕色花药，简洁而又不单调。

种植建议
　　枝条粗节间较长，造型难度比较高，适合攀爬花墙或低矮灌木，适合盆栽。

'樱野'

所属群组：早花大花组

高度：2.0~2.5m

花型花径：单瓣大花，12~15cm

花色：粉红色

花期：4—5月老枝条集中开花，8—10月新枝条零星开花

修剪方式：二类中度修剪

光照要求：全阳至半阴

品种特征：日本品种。花型圆润花瓣重叠，清晨花型呈现莲形杯状，柔和的粉色花瓣搭配深棕色花药，简洁大方。

种植建议

株型紧凑，长势一般，开花密集，适合盆栽。

'伊莎哥' *C. 'Isago'*

所属群组：早花大花组

高度：2.5~3m

花型花径：重瓣、半重瓣、单瓣，中型花，10~12cm

花色：白色

花期：4—5月老枝条开重瓣或半重瓣花或单瓣，8—10月新枝条开单瓣

修剪方式：二类中度修剪

光照要求：全阳至半阴

品种特征：日本品种。非常优秀的白色品种，花药浅黄色。可以开出重瓣、半重瓣和单瓣三种花型。花径约12cm，冬季春化低温够、时间长则花瓣会更多。

种植建议

对阳光的需求较高，特别适合种植在阳光充足、防风的位置，搭配暗色背景效果很好，适合盆栽。

'瑞贝卡' *C. 'Rebecca'*

所属群组：早花大花组

高度：2.5~3m

花型花径：单瓣大花，12~18cm

花色：红色

花期：4—5月老枝条集中开花，8—10月新枝条花量可观

修剪方式：二类中度修剪

光照要求：全阳至半阴

品种特征：英国埃维森专利品种，以埃维森最大的女儿的名字命名。令人惊艳的红色铁线莲，天鹅绒质感的深红色花朵，萼瓣中线颜色略浅。花大且多，且花期较长。日照不足时花色黯淡，夏秋季颜色更红艳。

种植建议

开花性极好，新老枝条同时开花。可以尝试冬季重度修剪，春季新枝条将在5月开花，晴多雨少的5月开出的花更红。适合盆栽。

'路易丝·罗维' *C. 'Louise Rowe'*

所属群组：早花大花组

高度：1.5~2m

花型花径：重瓣、半重瓣、单瓣，中型花，10~12cm

花色：浅丁香粉紫色

花期：4—5月老枝条开重瓣、半重瓣或单瓣，8—10月新枝条开单瓣

修剪方式：二类中度修剪

光照要求：全阳至半阴

品种特征：英国品种，比较小众的一个品种。可以开出重瓣、半重瓣和单瓣三种花型。浅丁香粉紫色花，雄蕊奶油色，散发着温柔的气息。花径约12cm，冬季春化低温够、时间长则花瓣会更多。

种植建议

生长速度较快，搭配暗色背景效果很好，适合盆栽。

'琉璃' *C.* 'Ruriokoshi'

所属群组：早花大花组

高度：1.5~2.5m

花型花径：重瓣中花，8~10cm

花色：雪青色

花期：4—5月老枝条集中开花，8—10月新枝条零星开花

修剪方式：二类中度修剪

光照要求：全阳至半阴

品种特征：日本品种，有资料称其是十大原生品种之一。雪青色全重瓣，花型略小，雄蕊浅黄色。与'青空'应属于同一品种。小苗弱苗及花芽分化低温不足时开花重瓣程度略低，小苗期间死亡率较高，但2年以上苗非常健壮。

种植建议
株型紧凑，春季老枝条花量巨大，成株生长迅速，特别适合阳光充足、防风的位置，适合在小花园种植和盆栽。

'永恒的爱'（又名'格纳瑞'）*C.* 'Grazyna'

所属群组：早花大花组

高度：2~2.5m

花型花径：半重瓣、单瓣，中型花，10~12cm

花色：浅粉色

花期：4—5月老枝条开半重瓣或单瓣，8—10月新枝条开单瓣，新枝条花量可观

修剪方式：二类中度修剪

光照要求：全阳至半阴

品种特征：波兰品种。花瓣有红粉色的中线，花丝乳白，花药黄色，色调明快。冬季春化低温够、时间长则花瓣会更多。

种植建议
生长速度一般，在光照充足的地方长得更好，适合盆栽。

'戴安娜的喜悦' *C.* 'Diana's delight'

所属群组：早花大花组

高度：1.5～2m

花型花径：单瓣大花，12～18cm

花色：蓝色（早春）、蓝紫色（秋季）、紫红色（夏季）

花期：4—5月老枝条集中开花，8—10月新枝条花量可观

修剪方式：二类中度修剪、三类重度修剪

光照要求：全阳至半阴

品种特征：英国埃维森专利品种。花瓣颜色从紫色到蓝色多变，温度越高越容易开出紫色甚至紫红色花。株型紧凑，花量大，夏秋易开花。

种植建议

　　开花性极好，新老枝条同时开花。冬季中度修剪，4月老枝条开花；冬季重度修剪，则新枝条5月开花。适合盆栽。

'皇后' *C.* 'Empress'

所属群组：早花大花组

高度：2.0～2.5m

花型花径：重瓣大花，12～15cm

花色：粉色

花期：4—5月老枝条集中开花，8—10月新枝条花量可观

修剪方式：二类中度修剪

光照要求：全阳至半阴

品种特征：英国埃维森专利品种。株型紧凑，花量丰沛，花朵为漂亮的重瓣花，花瓣中心粉色向外逐渐过渡到白色，内瓣绒球状。新枝条开花也比较密集，是非常优秀的品种。

种植建议

　　株型紧凑，开花密集，适合盆栽。植株强健，长势迅速，也适合拱门和墙面造型。

'新紫玉' *C.* 'Shinshigyoku'

所属群组：早花大花组

高度：1.5~2m

花型花径：重瓣中花，10~12cm

花色：深紫色

花期：4—5月老枝条集中开花，8—10月新枝条零星开花

修剪方式：二类中度修剪

光照要求：全阳至半阴

品种特征：深紫色重瓣花，直径10~12cm，花瓣多，不规则椭圆形，反卷。花瓣背面银色。花丝白色，花药紫色。5月下半段到6月底首次开花，凋谢的花朵剪掉后8—9月再次开花。晚夏开的花有时为单瓣花。

种植建议

长势一般。适合种植于花架、立柱或其他花园支撑物旁。可以攀缘在天然支撑物上，比如落叶、针叶灌木或不需要重度修剪的小型灌木。宜植于浅色背景前，适合盆栽。

'玛格丽特·亨特' *C.* 'Margaret Hunt'

所属群组：晚花大花组

高度：3~5m

花型花径：单瓣中花，8~10cm

花色：粉色

花期：5—6月，8—10月

修剪方式：三类重度修剪

光照要求：全阳

品种特征：花瓣粉红色，边缘略呈波浪状，雄蕊红棕色。花量丰沛，开花性极好，结合修剪每年春、夏、秋季均可开放，适当控制可获得密集的春花和繁盛的秋花。

种植建议

喜阳，晚花大花组中最适合盆栽的品种之一。可以攀爬于自然支撑物，如针叶或落叶灌木和小型灌木。特别适合种植于凉亭、花架、立柱或其他花园支撑物旁，也适合在阳台和露台上作盆栽栽植。

'戴纽特' *C.* 'Danuta'

所属群组：晚花大花组

高度：3~5m

花型花径：单瓣中花，8~10cm

花色：粉色

花期：5—6月，8—10月

修剪方式：三类重度修剪

光照要求：全阳

品种特征：波兰品种。花瓣粉红色，边缘略呈波浪状，雄蕊奶油绿色。花量丰沛，开花性极好，结合修剪每年春、夏、秋均可开放，适当控制可获得密集的春花和繁盛的秋花。

> **种植建议**
>
> 喜阳，晚花大花组中最适合盆栽的品种之一。可以攀爬于自然支撑物，如针叶或落叶灌木和小型灌木。特别适合种植于凉亭、花架、立柱或其他花园支撑物旁，也适合在阳台和露台上作盆栽栽植。

'索利娜' *C.* 'Solina'

所属群组：南欧组

高度：2.5~3.5m

花型花径：单瓣中花，8~10cm

花色：浅紫红色

花期：5—6月，8—10月

修剪方式：三类重度修剪

光照要求：全阳

品种特征：波兰品种。丁香玫瑰色，花瓣中心条纹浅色，雄蕊浅黄色。花量丰沛，开花性极好，结合修剪每年春、夏、秋季均可开放，适当控制可获得密集的春花和繁盛的秋花。阳光透过花瓣最为迷人。

> **种植建议**
>
> 喜阳，管理可以相对粗放，日照不足时颜色偏蓝紫色。可以攀爬于自然支撑物，如针叶或落叶灌木和小型灌木。特别适合种植于凉亭、花架、立柱或其他花园支撑物旁，也适合在阳台和露台上作盆栽栽植。

'维尼莎' *C.* 'Venosa Violacea'

所属群组：南欧组

高度：2～3m

花型花径：单瓣中花，8～12cm

花色：紫色

花期：5—6月，8—10月

修剪方式：三类重度修剪

光照要求：全阳至半阴

品种特征：波兰品种。温度高时花瓣呈紫红色，日照不足或温度偏低时花瓣呈蓝紫色。强健多花，易于栽种的双色品种。花瓣由基部的白色向边缘的紫色过渡。雄蕊深紫色，与有白色或斑色叶的植物搭配十分理想。

种植建议

有'幻紫'的优雅和意大利铁线莲的皮实，耐热耐晒，长势快。对栽种环境要求不高，适宜栽种于花园中各种支架旁，在阳台和露台上用大容器栽植非常理想。

'幻紫' *C.* 'Sieboldii'

所属群组：佛罗里达组（F组）

高度：2～3m

花型花径：重瓣中花，8～12cm

花色：乳白色花瓣，暗紫色花蕊

花期：5—6月，9—11月

修剪方式：二类中度修剪、三类重度修剪

光照要求：全阳至半阴

品种特征：花型花色特殊，花瓣乳白色，花朵中央有一大团暗紫色花蕊，新枝条开花，夏季高温枯叶休眠，冬季保持适当温度能持续开花。

种植建议

适应性较差，须种植在朝南或东南方向墙前、屋檐下等避风避雨地方。耐寒性较差，冬季气温低于-8℃时需要做一定防护。

'卡西斯' *C.* 'Cassis'

所属群组：佛罗里达组（F组）

高度：2~3m

花型花径：重瓣中花，7~10cm

花色：深紫色

花期：5—6月，9—11月

修剪方式：二类中度修剪、三类重度修剪

光照要求：全阳至半阴

品种特征：深紫色玫瑰花形全重瓣品种，与'幻紫''小绿'等品种特性基本一致。夏季高温休眠。

种植建议

适应性较差，避免种植在风大的环境，高温高湿季节避雨能有效降低死亡率。耐寒性较差，冬季气温低于−8℃时需要做一定防护。

'大河' *C.* 'Taiga'

所属群组：佛罗里达组（F组）

高度：1.5~2.5m

花型花径：重瓣中花，8~12cm

花色：紫色，萼瓣尖芥末色

花期：5—6月，9—11月

修剪方式：二类中度修剪、三类重度修剪

光照要求：全阳至半阴

品种特征：外瓣紫色，有深紫色中线，内瓣细小，基部紫色，尖端黄绿芥末色，非常罕见的新品铁线莲，耐热性极好，夏季休眠不明显。春季花后及时进行修剪，夏秋均能持续开花。耐寒性较差，冬季气温低于−8℃时需要做一定防护。

种植建议

适应性较强，开花高度较'幻紫'低矮，花量巨大，适合盆栽。

'小绿'（又名'绿玉'）*C.* 'Alba Plena'

所属群组：佛罗里达组（F组）

高度：2~3m

花型花径：重瓣中花，7~10cm

花色：浅绿色

花期：5—6月，9—11月

修剪方式：二类中度修剪、三类重度修剪

光照要求：全阳至半阴

品种特征：浅绿色玫瑰花形全重瓣品种，受欢迎程度极高。这个品种需要阳光及热量，不光为更好地开花，也为了让其长得更强壮。夏季高温休眠，冬季保持适当温度能持续开花。

种植建议

　　适应性较差，避免种植在风大的环境，高温高湿季节避雨能有效降低死亡率。耐寒性较差，冬季气温低于-8℃时需要做一定防护。

'新幻紫'（又名'千层雪'）*C.* 'Viennetta'

所属群组：佛罗里达组（F组）

高度：2~3m

花型花径：重瓣中花，8~10cm

花色：乳白色花瓣，萼瓣重瓣度比'幻紫'高

花期：5—6月，9—11月

修剪方式：二类中度修剪、三类重度修剪

光照要求：全阳至半阴

品种特征：英国埃维森专利品种。花色清新别致，花瓣乳白色，偶有浅绿色；花朵中央的大团暗紫色花蕊较'幻紫'更宽大、颜色更浅一些。其他特性与'幻紫'一样。

种植建议

　　适应性较差，须种植在朝南或东南方向墙前、屋檐下等避风避雨的地方。耐寒性较差，冬季气温低于-8℃时需要做一定防护。

'美好回忆' *C.* 'Fond Memories'

所属群组： 佛罗里达组（F组）

高度： 2～2.5m

花型花径： 单瓣大花，12～15cm

花色： 粉白色至紫色晕边

花期： 5—6月，9—11月

修剪方式： 二类中度修剪、三类重度修剪

光照要求： 全阳至半阴

品种特征： 英国品种。紫色晕边较'乌托邦'更明显和鲜艳，但夏季高温基本不枯叶休眠，耐寒性一般，冬季气温低于−10℃时需要做一定防护。

> **种植建议**
> 适应性较强，能适应短日照环境，但日照不足时花色偏白，紫红色晕边也会不明显。可用于各种花架、花柱或其他花园运用。

'乌托邦' *C.* 'Utopia'

所属群组： 佛罗里达组（F组）

高度： 2～3m

花型花径： 单瓣大花，12～15cm

花色： 浅粉色

花期： 5—6月，9—11月

修剪方式： 二类中度修剪、三类重度修剪

光照要求： 全阳至半阴

品种特征： 日本受欢迎的品种之一。粉白色椭圆形大花，花瓣边缘带紫红色晕边，花瓣背面紫粉色。和多数佛罗里达组品种一样，夏季高温休眠明显，耐寒性一般，冬季气温低于−10℃时需要做一定防护。

> **种植建议**
> 适应性较强，能适应短日照环境，但日照不足时花色偏白，紫红色晕边也会不明显。可用于各种花架、花柱或其他花园造景运用。

'阿柳' *C.* 'Alionushka'

所属群组：全缘组

高度：2～3m

花型花径：单瓣中花，8～10cm

花色：粉色

花期：5—10月

修剪方式：三类重度修剪

光照要求：全阳

品种特征：中等大小粉色单瓣钟形花，黄色雄蕊，耐修剪，可做切花种植。结合修剪，5—10月至少可以获得3次盛花状态。冬季土面以上枝条全部枯萎。

种植建议

　　喜阳，日照充足才能生长得更好，开花更多。耐寒，盆器较大的情况下北方大部分地区均可露天过冬。耐热，适合我国大部分地区，也是两广爱好者的不错选择。

'哈洛卡尔' *C.* 'Harlow Carr'

所属群组：全缘组（与佛罗里达组杂交品种）

高度：2～3m

花型花径：单瓣中花，8～10cm

花色：紫色

花期：5—10月

修剪方式：三类重度修剪

光照要求：全阳

品种特征：英国埃维森专利品种。中等大小暗紫色单瓣花，黄色雄蕊，枝条和叶子也有全缘组和佛罗里达组的特点。耐修剪，可做切花种植。结合修剪，5—10月至少可以获得3次盛花状态。冬季土面以上枝条全部枯萎。

种植建议

　　喜阳，日照充足才能生长得更好，开花更多。耐寒，盆器较大的情况下北方大部分地区均可露天过冬。耐热，适合我国大部分地区，也是两广爱好者的不错选择。

'皮卡迪' C. 'Picardy'

所属群组：晚花大花组矮生系列

高度：1~1.5m

花型花径：单瓣中花，12~15cm

花色：紫红色

花期：5—6月

修剪方式：二类中度修剪、三类重度修剪

光照要求：全阳或半阴

品种特征：英国埃维森专利品种。花量大，植株矮壮，单瓣紫红色大花，带红色条纹。棕红色雄蕊。中度修剪早春老枝条开花，重度修剪晚春新枝条开花。夏秋复花不明显。

> **种植建议**
>
> 　　株型紧凑，特别适合于容器、阳台及狭小空间栽培。可塑性强，每年春季再生力超强，重度修剪花朵更密集，中度修剪花期提早且可能开出半重瓣。耐寒性一般，冬季气温低于-8℃时需要做一定防护。

'故里' C. 'Filigree'

所属群组：晚花大花组矮生系列

高度：0.5~1m

花型花径：单瓣中花，10~12cm

花色：浅粉紫色

花期：5—6月

修剪方式：二类中度修剪、三类重度修剪

光照要求：全阳或半阴

品种特征：英国埃维森专利品种。与'啤酒'并列为最矮的两款大花铁线莲，与'啤酒'有相似的特征，花瓣颜色通透，花型飘逸。夏秋复花不明显。

> **种植建议**
>
> 　　株型紧凑，特别适合于容器、阳台及狭小空间栽培。可塑性强，每年春季再生力超强，重度修剪花朵更密集，中度修剪花期提早且可能开出半重瓣。耐寒性一般，冬季气温低于-8℃时需要做一定防护。

'塞尚' *C.* 'Cezanne'

所属群组： 晚花大花组矮生系列

高度： 1～1.5m

花型花径： 单瓣中花，10～12cm

花色： 紫色至天蓝色

花期： 5—10月

修剪方式： 二类中度修剪、三类重度修剪

光照要求： 全阳或半阴

品种特征： 英国埃维森专利品种。花量大，单朵花期长。花朵干净清新，形状整齐，花瓣紫色至天蓝色，中间条纹浅色，雄蕊黄色。植株矮壮，中度修剪早春老枝条开花，重度修剪晚春新枝条开花。花后及时修剪可重复开花。

种植建议

株型紧凑，特别适合于容器、阳台及狭小空间栽培。可塑性强，每年春季再生力超强，重度修剪花朵更密集，中度修剪花期提早且可能开出半重瓣。耐寒性一般，冬季气温低于−8℃时需要做一定防护。

'安格利亚' *C.* 'Angelique'

所属群组： 晚花大花组矮生系列

高度： 1～1.5m

花型花径： 单瓣中花，10～12cm

花色： 浅紫色

花期： 5—10月

修剪方式： 二类中度修剪、三类重度修剪

光照要求： 全阳或半阴

品种特征： 英国埃维森专利品种。花量大，植株矮壮，中度修剪早春老枝条开花，重度修剪晚春新枝条开花。花后及时修剪可重复开花。

种植建议

株型紧凑，特别适合于容器、阳台及狭小空间栽培。可塑性强，每年春季再生力超强，重度修剪花朵更密集，中度修剪花期提早且可能开出半重瓣。耐寒性一般，冬季气温低于−8℃时需要做一定防护。

'啤酒' *C.* 'Bijou'

所属群组：晚花大花组矮生系列

高度：0.5～1m

花型花径：单瓣中花，12～15cm

花色：蓝紫色

花期：5—6月

修剪方式：二类中度修剪、三类重度修剪

光照要求：全阳或半阴

品种特征：英国埃维森专利品种。花朵为紫色，带有轻微红色条纹，有时春季早花能出现半重瓣，是一个极其紧凑的品种，一般高度只有30～50cm，适合于吊篮栽培。夏秋复花不明显。

种植建议

　　株型紧凑，特别适合于容器、阳台及狭小空间栽培。可塑性强，每年春季再生力超强，重度修剪花朵更密集，中度修剪花期提早且可能开出半重瓣。耐寒性一般，冬季气温低于−8℃时需要做一定防护。

'樱桃唇' *C.* 'Cherry Lip'

所属群组：德克萨斯组

高度：1.5～2m

花型花径：小花，口径约1cm，长约3cm

花色：红色

花期：5—10月

修剪方式：三类重度修剪

光照要求：全阳

品种特征：日本品种。纯正的红色，犹如一颗颗熟透的樱桃，最美的铃铛形铁线莲之一。持续开花，非常适合盆栽。冬季土面以上枝条全枯萎，随着苗龄增加，萌发的新笋逐年增加。

种植建议

　　适合全日照环境，种植在小花园和露台、阳台均有很好的表现。耐寒性一般，冬季气温低于−10℃时需要对盆土进行防护。

'帕斯卡' *C.* 'Picardy'

所属群组：德克萨斯组

高度：1.5～2m

花型花径：小花，口径约1cm，长约3cm

花色：粉色向白色渐变

花期：5—10月

修剪方式：三类重度修剪

光照要求：全阳

品种特征：日本品种。柔和的粉色，花朵外形光洁，最美的铃铛形铁线莲之一。持续开花，非常适合盆栽。冬季土面以上枝条全枯萎，随着苗龄增加，萌发的新笋逐年增加。

种植建议：
　　适合全日照环境，在小花园和露台、阳台均有很好的表现。耐寒性一般，冬季气温低于−10℃时需要对盆土进行防护。

'克里斯巴天使' *C.* 'Crispa Angel'

所属群组：德克萨斯组

高度：1.5～2.5m

花型花径：小花，口径约2cm，长约2cm

花色：白色

花期：5—10月

修剪方式：三类重度修剪

光照要求：全阳

品种特征：日本品种。白色花朵，花瓣上翘，优美又有趣。持续开花，非常适合盆栽。冬季土面以上枝条全枯萎，随着苗龄增加，萌发的新笋逐年增加。基因强大，用作杂交育种亲本容易获得有效的种子，但遗传克里斯巴亲本的特性明显。

种植建议：
　　适合全日照环境，在小花园和露台、阳台均有很好的表现。耐寒性一般，冬季气温低于−10℃时需要对盆土进行防护。

'国王的梦' *C.* 'King's Dream'

所属群组：德克萨斯组

高度：2.5~3.5m

花型花径：小花，口径约1cm，长约2cm

花色：蓝色到白色渐变

花期：5—10月

修剪方式：三类重度修剪

光照要求：全阳

品种特征：日本品种。渐变色的花朵，株型最高大的德克萨斯组品种之一，适合盆栽。冬季土面以上枝条全枯萎，随着苗龄增加，萌发的新笋逐年增加。

种植建议

适合全日照环境，在小花园和露台、阳台均有很好的表现。耐寒性一般，冬季气温低于-10℃时需要对盆土进行防护。

德克萨斯 *C.texensis*

所属群组：德克萨斯组

高度：1.5~2.5m

花型花径：小花，口径约1cm，长约2cm

花色：红色

花期：5—10月

修剪方式：三类重度修剪

光照要求：全阳

品种特征：原生品种，有多种不同花型。非常适合盆栽。冬季土面以上枝条全枯萎，随着苗龄增加，萌发的新笋逐年增加。

种植建议

适合全日照环境，在小花园和露台、阳台均有很好的表现。耐寒性一般，冬季气温低于-10℃时需要对盆土进行防护。

'残月' (尚未注册)

所属群组：德克萨斯组

高度：1~1.5m

花型花径：小花，口径约1cm，长约4cm

花色：水粉色

花期：5—10月

修剪方式：三类重度修剪

光照要求：全阳

品种特征：国内铁线莲爱好者二淘杂交选育品种。株型矮小，花型最大的铃铛形铁线莲之一。开花性极好，非常适合盆栽。

种植建议
适合全日照环境，小花园和露台、阳台均有很好的表现。耐寒性一般，冬季气温低于−10℃时需要对盆土进行防护。

'胭脂扣' (尚未注册)

所属群组：德克萨斯组

高度：1~1.5m

花型花径：小花，口径约1cm，长约2cm

花色：紫色

花期：5—10月

修剪方式：三类重度修剪

光照要求：全阳

品种特征：国内铁线莲爱好者二淘杂交选育品种。株型矮小，开花性极好，非常适合盆栽。

种植建议
适合全日照环境，在小花园和露台、阳台均有很好的表现。耐寒性一般，冬季气温低于−10℃时需要对盆土进行防护。

铁线莲生长周期表

品种类别	1月	2月	3月	4月
常绿大洋组、常绿木通组	生长滞缓期	生长滞缓期	重点花期	重点花期
长瓣组	休眠期	生长期	重点花期	重点花期
蒙大拿组	休眠期	生长期	重点花期	重点花期
早花大花组	休眠期	生长期	生长期	重点花期
晚花大花组、全缘组、德克萨斯组、南欧组	休眠期	生长期	生长期	生长期
佛罗里达组	滞缓或休眠	滞缓或休眠	生长期	生长期
常绿卷须组	生长滞缓期	生长滞缓期	生长期	生长期

注：以上以江浙地区为例。我国幅员辽阔，各地略有区别。

铁线莲管理周期表

管理	1月	2月	3月	4月	5月
购买及新植	裸根或带土移栽		带土移栽		
施肥	冬季追肥		花期速效肥追肥		
修剪	冬季修剪		修剪残花		
换盆换土	可带土或打土换盆		花期及高温天避免换盆，特殊需要马上换盆		
分株	比较适合分株				
虫害防治	冬季预防		多发蜗牛、蛞蝓，偶发蚜虫		红蜘蛛、蓟马防治
疾病防治	冬季预防		枯萎病、烂根		

5月	6月	7月	8月	9月	10月	11月	12月
生长滞缓期	生长滞缓期	生长期	生长期	生长期	生长期	生长期	生长滞缓期
生长滞缓期	生长滞缓期	零星开放	零星开放	零星开放	生长滞缓期	休眠期	休眠期
生长滞缓期	生长滞缓期	生长期	生长期	生长期	生长期	休眠期	休眠期
重点花期	生长滞缓期	零星开放	零星开放	零星开放	零星开放	休眠期	休眠期
重点花期	重点花期	零星开放	重点花期	重点花期	零星开放	休眠期	休眠期
重点花期	重点花期	休眠期	休眠期	重点花期	重点花期	零星开放	生长滞缓期
生长期	生长滞缓期	休眠期	休眠期	生长期	重点花期	重点花期	生长滞缓期

6月	7月	8月	9月	10月	11月	12月
不适合新植			带土移栽		裸根或带土移栽	
高温停止施肥			缓释肥	生长旺季速效肥追肥		冬季追肥
更新枝条修剪			修剪残花			冬季修剪
		零星开放	零星开放	零星开放	可带土或者打土换盆	
不适合分株					适合分株	
玄灰蝶防治					冬季预防	
白绢病、烂根			白粉病、烂根		冬季预防	

图书在版编目（CIP）数据

铁线莲栽培 12 月计划 / 米米童著；奈奈与七绘 . —武汉：湖北科学技术出版社，2018.5（2022.6 重印）

ISBN 978-7-5706-0260-5

Ⅰ . ①铁… Ⅱ . ①米… ②奈… Ⅲ . ①攀缘植物－观赏园艺 Ⅳ . ① S687.3

中国版本图书馆 CIP 数据核字 (2018) 第 077014 号

责任编辑	林 潇
封面设计	胡 博
出版发行	湖北科学技术出版社
地 址	武汉市雄楚大街 268 号
	（湖北出版文化城 B 座 13-14 层）
邮 编	430070
电 话	027-87679468
网 址	http//www.HBSTP.com.cn
印 刷	湖北金港彩印有限公司
邮 编	430040
开 本	889 X 1092 1/16
印 张	7.5
版 次	2018 年 5 月第 1 版
	2022 年 6 月第 3 次印刷
字 数	150 千字
定 价	48.00 元

（本书如有印装质量问题，可找本社市场部更换）